贾东　主编　建筑设计·教学实录　系列丛书

结合技术的建筑设计实践教学

马　欣　著

中国建筑工业出版社

图书在版编目（CIP）数据

深入拓展：结合技术的建筑设计实践教学 / 马欣著
. —北京：中国建筑工业出版社，2023.9
（建筑设计·教学实录系列丛书 / 贾东主编）
ISBN 978-7-112-29003-1

Ⅰ.①深…　Ⅱ.①马…　Ⅲ.①建筑设计 — 教学研
究 — 高等学校　Ⅳ.① TU2

中国国家版本馆CIP数据核字（2023）第144162号

本书以技术问题作为建筑设计训练切入点，通过学生作业的成果，讨论在完成这样的课题时，学生如何看待建筑技术问题，如何将技术方案应用于设计并深化拓展其设计。全书共分为绪论、以技术的视角拓展设计构思、从概念层面理解技术问题的设计训练、侧重声环境的观演建筑设计、基于绿色生态理念的设计、综合技术拓展的设计、结语几个章节。希望在校大学生通过学习能够在今后走向工作岗位时，继续思考技术之于建筑的含义。本书适用于建筑设计相关专业的在校师生阅读参考。

责任编辑：张　华　唐　旭　吴　绫
责任校对：姜小莲
校对整理：李辰馨

贾东　主编　建筑设计·教学实录　系列丛书

深入拓展　结合技术的建筑设计实践教学
马　欣　著
＊
中国建筑工业出版社出版、发行（北京海淀三里河路9号）
各地新华书店、建筑书店经销
北京点击世代文化传媒有限公司制版
北京中科印刷有限公司印刷
＊
开本：787毫米×1092毫米　1/16　印张：9¾　字数：183千字
2023年9月第一版　2023年9月第一次印刷
定价：46.00元
ISBN 978-7-112-29003-1
　　　（41728）

前　言 | PREFACE

　　纵观历史，建筑一直是伴随着人类社会的不断发展而发展演变的，每个时代都有每个时代的建筑。在绝大多数情况下，即使是非专业人士，看到一个建筑，也能判断出其建造的大致时期，例如，是哥特时期还是文艺复兴时期？是唐宋还是明清？那么，这些判断的依据是什么呢？是形式？是风格？是材料？还是别的什么？可能很多人并说不清楚到底是什么，这恰恰说明了对一个建筑的认识和解读是无法分成各个因素的，建筑也是所有因素的集合。

　　随着科学技术的不断发展，材料、结构等技术的发展速度远超过了建筑本体所承载的社会、文化、精神、等级等因素的变革速度。一个简单的例子就可以看出其中的差异，斗栱最早的重要作用是结构作用，发展到明清时期，结构技术已经足以承载一定的跨度，但斗栱依然被大量使用，因此其所起到的结构作用已经逐渐减少，而更多的是形制、等级等因素的需要。从建筑发展历程来看，在现代主义之后，人们开始更多地关注建筑所反映的社会问题、精神问题、文化问题等。于是，建筑技术与建筑本体开始慢慢地脱离了，建筑技术好像不是建筑设计的核心问题了。

　　直至今日，当人类面临日益严峻的环境问题时，我们突然认识到建筑技术问题似乎也是建筑设计中的一部分。建筑技术又变成了建筑中不可剥离的因素之一。这似乎可以用"事物的发展总是螺旋形上升的"来解释，但实际上，这也是个说辞。因为，现代建筑教育体系是以专业分工合作为基础的。所以，即使更多的人认识到在建筑学中专业分工带来的问题所在，建筑教育的培养仍然会不可避免地继续造成一定程度的脱节。

　　正是基于对上述问题的关心，本书选取了将技术问题作为建筑设计训练切入点的不同课题，希望通过学生作业的成果，讨论在完成这样的课题时，学生如何看待建筑技术问题，如何将技术方案应用于设计并深化拓展其设计。而通过这些课题的训练，希望学生在今后走向工作岗位时，能继续思考技术之于建筑的含义。

目 录 | CONTENTS

第1章 | 绪论

1.1 建筑学的概念

"建筑学"是研究"建筑"的学科。《中国大百科全书》中对"建筑学"的解释为："建筑学是研究建筑物及其环境的学科，旨在总结人类建筑活动的经验，以指导建筑设计创作，创造某种体形环境。其内容包括技术和艺术两个方面。传统建筑学的研究对象包括建筑物、建筑群以及室内家具的设计。随着建筑事业的发展，园林学和城市规划逐步从建筑学中分离出来，成为相对独立的学科。"从此定义可见，建筑学的核心范畴是"建筑设计创作"，核心内容是"技术和艺术"两个方面。

"建筑"是一个十分宽泛的概念。如果从英文的单词来看，"Architecture"实际上包含了"Art"和"Technology"两个词。因此，"建筑"实际上是一个概念，是一个集合，而非单一的动词或名词。

由此可知，建筑可以看成科学、技术、艺术的集合，是具有功能要求的、通过技术实现的物质空间与具有社会文化、审美特征的精神形象的结合。建筑是一个系统，概括而言，这个复杂的系统具有以下 3 个方面的要素：

（1）功能要素

满足使用者基本生理需求、生活需求和社会生产需求的物质实体空间。

（2）技术要素

主要包括组成物质实体的材料、构建物质实体的结构和使物质实体能正常运转的支持体系。

（3）空间艺术要素

主要包括社会经济属性和审美情趣特性。

1.2 建筑学的教育

建筑学教育是围绕"建筑学"这一概念而开展的人才培养活动。除去以专门性研究人才培养为目标的"博士"层次之外，就面向社会市场而言，建筑学教育最核心的目标是培养"职业建筑师"，因此，这就奠定了建筑学教育的应用型人才培养目标。

就本科建筑学教育而言，建筑学专业应培养学生具有基本的建筑类理论基础和深造潜质，具有以建筑设计为主的综合设计能力，具有创新精神和实践能力，

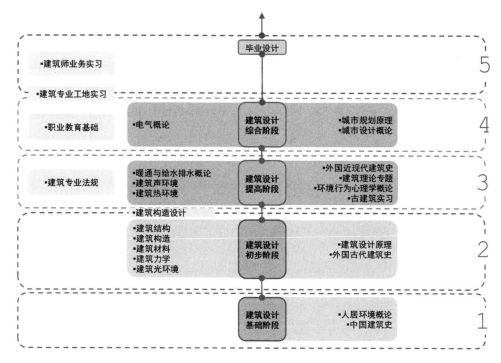

图 1-1 建筑学专业课程系列图示

具有可持续发展和文化传承理念的高素质设计应用人才。

建筑学专业教学课程设置是为了实现建筑学专业的培养目标，建筑学专业涵盖了科学、艺术、技术三大领域，建筑是艺术与技术的结合、科学与艺术的统一。按照其内容，建筑学的课程一般可以分为四大系列（图1-1）。

（1）建筑设计系列课程。主要包括建筑设计初步、建筑设计、建筑 CAD 等。这些课程涵盖了建筑学需要掌握的基本建筑设计的过程与方法、建筑设计的表达与实践。

（2）建筑技术系列课程。包括建筑构造、建筑物理、建筑力学、建筑材料、建筑结构、建筑设备等。这些课程涵盖了建筑学需要掌握的技术类知识，是建筑设计的基础，也是培养实用型人才的基础。

（3）建筑理论系列课程。包括建筑设计原理、中国建筑史、外国建筑史、城市规划原理等。这些课程涵盖了建筑学需要掌握的相关理论知识，是拓宽建筑设计思路的基础，也是提高学生综合素质的基础。

（4）职业基础类课程。包括专业法规、职业教育基础、建筑师业务实习、毕业设计等。这些课程涵盖了学生走向工作岗位时应具备的基础职业知识，是培养应用型人才的基础。

不同"系列课"解决不同的问题,具有不同的教学目标,不同"系列课"之间既有区别,也有一定的相关性,共同构成了以"设计系列课"为主线的教学体系。

1.3　建筑技术系列课与建筑设计系列课的矛盾与关联

建筑设计系列课是建筑专业学生在校期间的主干课程,也是建筑学专业课程的核心。一般在一、二年级为基础入门阶段,三至五年级为深入拓展阶段,根据每个年级不同的学习目标而确定相应的设计训练。

建筑技术是为建筑设计而服务的,也是学生今后工作必备的知识。从课程内容上来看,建筑技术系列课程包括设计媒介、建筑材料、建筑构造、建筑结构、建筑物理环境、建筑设备体系、生态技术以及建筑安全性等。

两者在课程内容上各有特点,但是从知识体系上而言,两者应该是统一的,其目的都是营造满足人的需求的建筑。从漫长的历史长河中,可以发现建筑设计与建筑技术、建造是没有分隔的。在古希腊、古罗马以至于文艺复兴时期,建筑技术和建筑设计是完美统一的,建筑师往往就是艺术家和工程师,例如米开朗琪罗、达·芬奇等。到了工业革命之后,科学技术的发展迅速超越了建筑学的发展步伐,建筑学的发展开始滞后于技术发展,建筑设计与建筑技术的专业分工逐渐细化。在机器大生产的时代背景下,效率优先更加促进了专业的差异化发展,建筑设计与建筑技术所关注的问题也越来越走向各自的专业性。这样的发展演变无法简单地评判对错与优劣,更像一把双刃剑。专业分工促进了专业更加精细化,对提高建筑的品质以及建筑行业的发展具有引领作用;而与之同时,由于明确的分工,也会在一定程度上造成专业之间的壁垒,甚至专业之间的矛盾。

今天的现代建筑教育正是在这样的背景下逐渐发展起来的,形成了目前不同课程独立设置的课程体系,也形成了目前每门课程独立讲授与建筑学专业知识能力综合性之间的矛盾。而对于建筑学专业的学生而言,建筑设计自然成为其学习过程的主干课,也被学生们给予了特别的重视。建筑技术课程容易被学生弱化,而变成面向单独课程的学习,忽略其需要应用于建筑设计之中的综合性、应用型特征。

随着越来越多的建筑师、建筑学教师以及建筑院校对这个问题的日益重视,建筑设计教学与建筑技术教学相结合的尝试也越来越多。在建筑学专业课程体系设置中,建筑材料、建筑构造、建筑结构主要安排在二年级,建筑物理、建筑设备、生态技术等内容主要安排在三、四年级。这就为高年级建筑设计课程融入建筑技术知识与实践奠定了基础。在深入拓展的建筑设计实践教学中要强调技术与设计内容结合，强调应用性。具体在建筑设计系列课程的安排上针对不同学期开设的建筑技术类课程安排建筑设计内容与题目，把技术知识要求在设计任务中，使学生在实践中既提高了设计能力，也对技术知识有了深刻的认识，并提高了应用技术知识的能力。这样的教学实践可以有效地弥补课程教授独立性带来的弊端，也可以促进建筑设计综合能力的培养，有利于实现应用型人才培养目标。

第 2 章 | 以技术的视角拓展设计构思

建筑设计是一个创造性的工作，建筑师的设计构思一定程度上决定了其设计作品的独特性。随着社会经济的不断发展，也随着社会审美需求的不断提升，对一个建筑作品的评判越来越从形式本身走向隐藏在其背后的内容，走向一个作品反映出的理念与构思。就建筑行业在社会的地位而言，这是一种进步，建筑师的脑力劳动被越来越多的人重视了。但同时带给了建筑师更大的挑战和压力，这就要求建筑师在设计方案中要有较为清晰的构思。因而，从学生阶段开始，需要有意识地培养学生对方案的构思能力。

在学生上学阶段，往往由于知识储备的局限和社会阅历、设计经历的不足，以及视野的制约，让学生同时考虑到若干问题，并从中寻找到恰当的切入点，形成独特的设计构思，是很难实现的。因此，在设计教学过程中，可以将有可能作为设计方案构思切入点的内容适当分类总结，让学生尝试根据自己的想法进行合理的取舍，选择其中一部分作为自己方案构思的要点进行设计。

一般而言，开展方案设计的构思来源于对目标设计题目的分析。通过已有的知识结构，发现并分析该设计可能存在的各类问题，这些问题就构成了构思来源的切入点。概括起来，主要包括以下几个方面：

（1）上位规划。建筑不是孤立的个体，要按照城市规划的要求进行设计，也要考虑到城市设计的总体要求。如何分析与解读规划与城市设计的具体要求可以作为切入点之一。

（2）功能组织。建筑设计是为人的使用而服务的，不同的功能必然产生不同的解决问题的思路。

（3）空间组织。实体与空间构成了一对矛盾的统一体。建筑设计不仅仅是设计实体，更重要的是设计空间，是创造使用者在空间中的独特体验。

（4）环境因素。建筑周边环境的自然属性、社会属性、人文环境都会影响设计的构思，也是设计者寻找问题切入点的重要途径。

（5）技术因素。材料、结构、构造、生态节能等技术因素也可以作为构思的切入点。

（6）哲学思潮等其他因素。在特定的情况下，建筑设计可以成为设计者思想意识或世界观的直接体现，这样的构思角度使建筑更像一个实现设计师理想的艺术品。

当然，在开展职业工作之后的建筑师都知道上述几个方面是不可能割裂的，也是不可能孤立存在的。但对于学生而言，将其分类并让学生深入其中一个或几个方面，是学习与训练的方法途径之一，有利于学生掌握从构思到深入方案的过程，继而为其今后综合思考奠定基础。

学生在拿到一个课题项目时，根据任务书以及自己的理解和认识选择切入点，一般情况下，学生更容易从场地环境、人文背景等相对易于寻找问题的方面展开构思，继而提出自己的方案。但是在实际教学中发现，这些方面虽然容易入手，但是也很容易流于表面，使构思成为空中楼阁，在最后完成的方案中出现"构思描述有特点、方案相对完整，但两者关联度不高"的问题。这是学习建筑设计中必然会出现的阶段之一，也正是因为学生综合各个因素的能力还不够而导致的。因此，在教学训练中应该有针对性地进行拓展构思能力的培养。

以技术的视角是拓展构思的方法之一，也是较为直接的训练手段之一。建筑设计是一种"黑箱思维"。设计者要通过各种影响建筑设计的因素进行分析，系统地构思，再通过将构思形式化、具象化而得出方案。在这其中，大部分过程是不可见的，仅能通过设计者的图面或模型的表达进行展示。如果表达不清，就会出现所展示的内容并未实现构思的问题，造成了构思与设计是"两层皮"的现象。从技术视角对设计构思拓展是解决这个问题的捷径之一。技术是设计者构思中的"可见"部分，是"黑箱思维"中易于表达清楚的部分。因此，在表达阐述方案的时候，从应用技术的视角对方案构思的核心点进行深化与分析，并加以较为详细的表达，学生可以拓展深化其设计构思，取得较好的方案成果，在一定程度上达到事半功倍的效果。

作业 1：数字时代的旧城更新

　　该课题是 2015 年 AUTODESKREVIT 杯全国大学生可持续建筑设计竞赛的题目，题目要求设计者观察调研熟悉的城市旧城区，设计一个积极介入普通人生活的公共空间，以应对旧城中出现的种种问题。该方案选址为北京旧城区，方案构思中提出了旧城拆迁带来若干废墟的问题，而这残垣断壁正是承载回忆的重要物证，因此，这些拆迁剩余的老旧砖墙可以作为切入点，以建筑的手段与数字影像技术创造若干个引人回忆的场景。方案的构思契合了富有活力的旧城公共空间营造。作者在设计中，采用了"新建墙＋龙骨＋数字显示屏＋旧砖墙"构造叠合的技术方式，充分利用了拆迁产生的废墟，创造出多样化的使用场景，使其方案的构思得以深化。

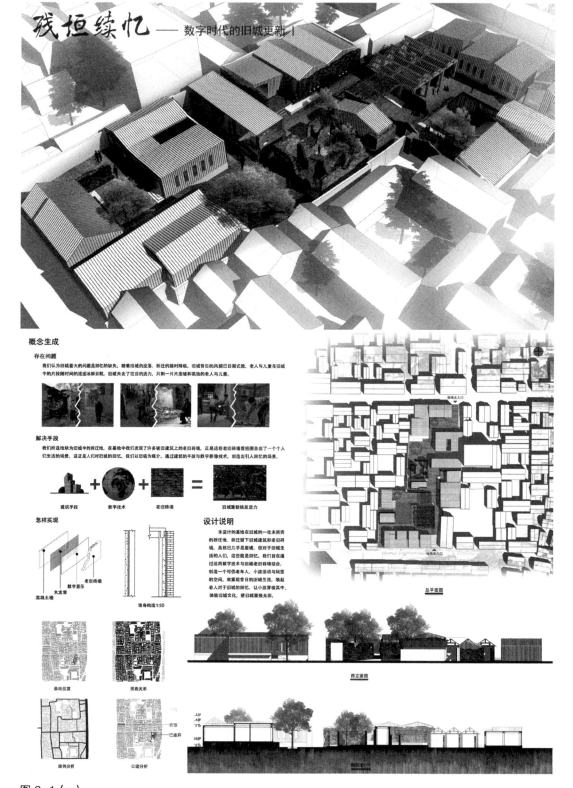

残垣续忆——数字时代的旧城更新 |

概念生成

存在问题

我们认为旧城最大的问题是回忆的缺失。随着旧城的没落、拆迁的随时降临，旧城昔日的风貌已日渐式微，老人与儿童在旧城中的片段随时间的流逝消冰解云散。旧城失去了往日的活力，只剩一片片废墟和孤独的老人与儿童。

解决手段

我们所选地块为旧城中的拆迁地。在基地中我们发现了许多破旧建筑上的老旧砖墙，正是这些老旧砖墙曾经围合出了一个个人们生活的场景，这正是人们对旧城的回忆。我们以旧墙为媒介，通过建筑的手段与数字影像技术，创造出引人回忆的场景。

建筑手段 + 数字技术 + 老旧砖墙 = 旧城重新焕发活力

怎样实现

混凝土墙　木龙骨　数字展示　老旧砖墙

墙身构造1:50

设计说明

本设计的基地在旧城的一处未拆完的拆迁地，拆迁留下了原建筑和老旧砖墙，虽然已几乎是废墟，但对于旧城生活过的人们，这些就是回忆。我们旨在通过运用数字技术与旧城老旧砖墙结合，创造一个可供老年人、小孩活动与玩耍的空间，来重现昔日的旧城生活，唤起老人对于旧城的回忆。让小孩穿梭其中，体验旧城文化，使旧城重新焕发光彩。

基地位置　　图底关系

路网分析　　公建分析

总平面图

西立面图

图 2-1（a）

作业题目：残垣续忆——数字时代的旧城更新，学生：赵岩，指导教师：马欣、靳铭宇

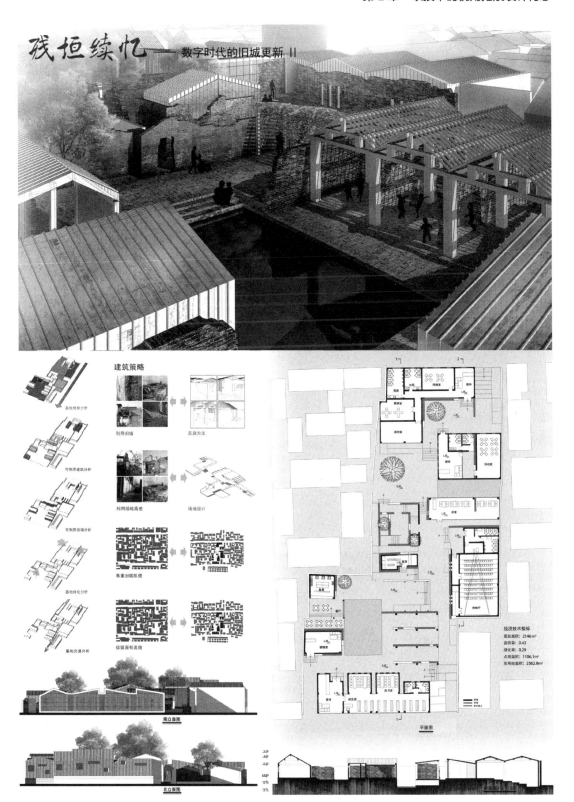

图 2-1（b）

作业题目：残垣续忆——数字时代的旧城更新，学生：赵岩，指导教师：马欣、靳铭宇

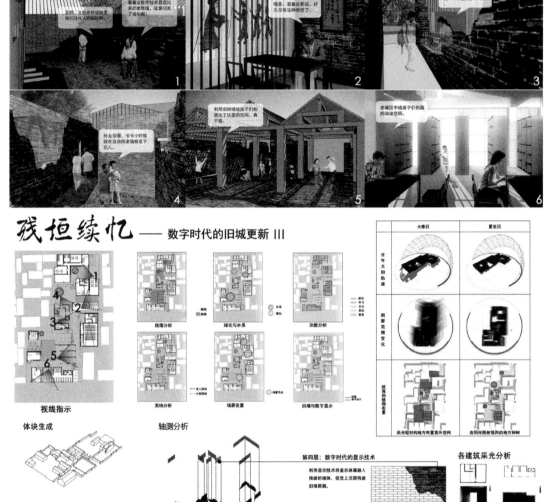

图 2-1（c）

作业题目：残垣续忆——数字时代的旧城更新，学生：赵岩，指导教师：马欣、靳铭宇

作业 2：2018VELUX "明日之光"国际竞赛

　　"明日之光"是国际 VELUX 大奖的整体主题。该竞赛题目旨在以一种开放的、实验性的方法来挑战建筑环境中日光的未来，旨在拓宽建筑的日光界限，包括美学、功能性、可持续性以及建筑与环境之间的互动。竞赛是希望设计者利用"光"作为手段解决问题，而非仅仅从技术角度去设计"光"。该方案以城市中施工场地的工人居住空间为设计切入点，设计者发现工人是以"倒班"的方式上班、休息的，因此同一时间，工人在其集装箱式的居住空间内需求不同，这就带来了"私密性"和"对光不同需求"的问题。该方案提出了工人不同的使用需求模式，并且设计了一种可调节光的构件，通过构件的可变性创造了不同的采光模式。方案从技术的视角，利用了合理的技术手段，通过"光"实现了人、建筑与环境的互动。

Challenge of Temporary Shed

New construction can be seen in every countries in Asia, When a new and beautiful building stands up in the city, would you think about the construction workers behind the building? They worked hard day and night to create a building with good condition for people to work and live. However, they lived in a container with poor condition which is always crowded, dim and disordered during the period of construction. And this kind of containers became their "home" since they worked far away from their children and spouse. So, how to create a good condition for workers living in the containers with equality is a very important thing which becomes our main topic of this design.

Small-space containers lead to some light problems and bring about lots of limitation. 8-12 workers live in one temporary container with one window which can not satisfy the workers' needs of light. And it cannot achieve different requirement of different behaviors in one space.

Problem 1: Lack of Privacy
Interior space which is less than 20 square meter with one window is not enough for workers to have privacy. However, private space and public space should be co-existing and necessary for a normal living condition.
Solution:
When adding the real walls to the space is impossible, what can we do with light? We think light can be used as a spatial media to divide the small space into different parts without occupying the physical space. And light's transparent volume can be changed into different qualities----brightness, direction, amount and so on.

Problem 2: Different Needs of Light
As we researched, construction workers usually take turn to work. As a result, when some workers want to go into sleeping with a dark space, others may want to read books or play chess in a brighter space. We cannot satisfy the workers' different needs in one room by only one window.
Solution:
We hope to create more entrances for light to come into the container. So we have more "switches" to control the light. And workers can control the entrance related to their space by themselves.

They can create the environment with light they want !

Divisi

People can enjoy reading on the left side of the room and eating with strong light in the central area.

People can enjoy the soft light on the right side of the room and enjoy the intense light in the center of the room.

People dine together in the bright space.

People play chess in the center of the room while others can rest in the shadows.

People can enjoy intense light on the left side of the room and soft light in the center of the room.

People can enjoy intense light on the right side of the room and soft light in the center of the room.

People can enjoy intense light in the left and center of the room.

People can enjoy intense light in the right and center of the room.

People can enjoy soft light in the left and center of the room.

People can enjoy soft light in the left and center of the room.

When people are awake, they can adjust the window and let direct light shine in their place.

People can adjust the perforated aluminum window when they need to read or need a soft-light environment.

roof

perforated aluminum plate

aluminum plate

possibility 1

图 2-2
作业题目：光的分割，学生：李颖、孔祥慧，指导教师：马欣

Light

waterproof
cover

glass

path

Concept:

Small-space containers lead to some light problems and bring about lots of limitation. We want to create a simple and smart apparatus to take advantage of daylight to retrofit the temporary containers.

Structure:

We designed a two-layer device:

1. Aluminum plate: Used to reflect light and create a strong shadow.

2. Perforated aluminum plate: Aim at avoiding direct sunlight and eliminating glare. At the same time, it allows a small amount of sunlight to diffuse into the room to create a soft light environment.

3. Path:The formation of the path is three-quarters of circle. And one quarter is outside. When the room needs a lot of light, the aluminum plate can be pushed out of the room. When the light is too strong to use, the aluminum plate can be pulled back indoors to create shadows.

4. The width of the skylight is as same as the diameter of the path. The given width attributes to the controllability of sunlight.

About Materials:

We can easily control the quality of daylight. 😊

- aluminum plate
- perforated aluminum plate

aluminum plate

perforated aluminum plate

reflection

transmission+diffuse reflection

reflection

diffuse reflection

reflection+transmission

direct light

width of skylight 2.5 diameter of the path

we can't control the direction of the daylight

we can't control the amount of the daylight

width of skylight= diameter of the path

we can easily control the direction of the daylight

we can easily control the amount of the daylight

作业 3：2020VELUX "明日之光" 国际竞赛

　　不同年度的 "明日之光" 国际竞赛的主题是一致的，是一个开放的题目。该方案以对唐山大地震死难者的纪念为切入点，设计者发现在这样一个充满遇难者名字的纪念碑上，前来凭吊的人们只能看到一个纪念碑，而缺少了生者希望的一种精神上的交流。设计者写下 "我向上看纪念碑，目之所及，我在纪念

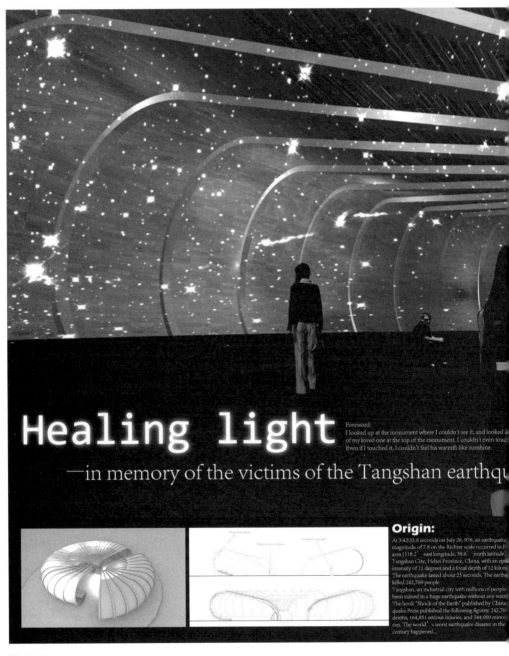

图 2-3
作业题目：治愈之光，学生：王珊、田艺，指导教师：马欣

碑的顶部看到我爱的人的名字，但我触不到他，即使我可以触到，我也无法感受到他像阳光一样的温暖。"用这一段话来诠释作者的构思与意图。方案利用光、投射、光感以及温感等一些具体的措施与装置的技术实现，创造出互动的模式，旨在使逝者的名字不再仅是一个名字，而是可以与凭吊者精神互动的心目中的回忆。

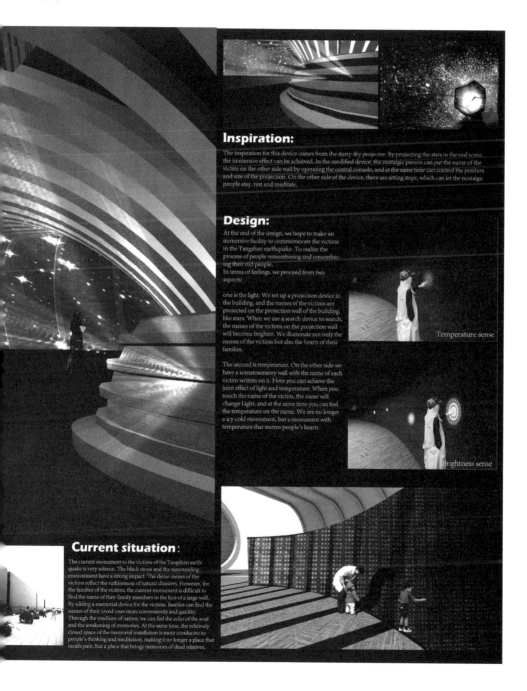

作业 4：定制化生活方式的探究

这是一个完全开放的、以研究为目标的课题。课题的要求仅仅是让设计者通过自行观察发现问题，并解决问题。题目也是设计者在对社区的调研基础上提出的。

设计者想创造出一个普适性高的、适合多年龄段的、可以让城市社区居民老幼同乐的，并且可以满足一些特殊人群需要的社区定制化设施。这是一个目标，如何实现这一目标是设计者在这个课题过程中重点要解决的问题。设计者没有采用概念的表达方式，也没有通过活动空间以及场地的设计去描述如何布置，而是从技术的视角探讨如何设计一个装置去实现真正意义的"定制生活"。虽然其中带有设计者很强的主观意识，但这种以技术视角的设计，对其构思的落实具有不可替代的作用，也对学生们的设计学习有着积极的作用。

设计者通过榫卯和模数的理解形成初始的定制城市家具的构思。

设计者通过调研，发现社区内的空地多为道路旁和住宅间空地，多呈线性，开敞的大空间较少，因此在有限的空间内增加折线家具既可以丰富空间体验感，又可以通过家具的搭建过程增加邻里间的感情，并且发现共同话题。

04-1 模型模拟

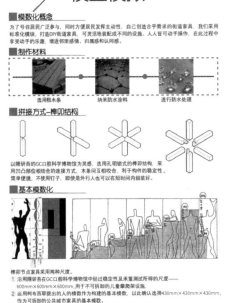

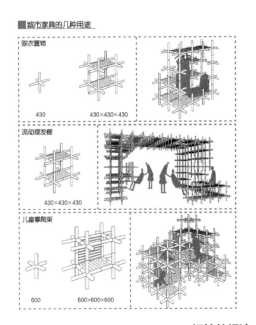

初始的想法

灵活多变的折线家具和较大的城市家具，同时增加公众参与和互动

图 2-4（a）

作业题目：定制化生活方式——利用木制榫卯技术形成的初始构思，学生：丛佳仪、毕可心、杜媛媛、郝嘉旌、牛一凡，指导教师：马欣

04-1　模型模拟

■互动 & 共同搭建

儿童需要安全、有趣的玩乐空间。我们在多次调研过程中发现社区内的娱乐设施主要针对成年人和老年人，缺少儿童专属的游乐设施。处于安全性考虑，我们选择将其做成不可拆卸的整体构架，使用时搭配攀爬绳。保护网等安全构件。营造适于儿童尺度的小空间，家长可以在旁看顾，互相聊天，孩子在里面共同玩耍，增进了家长之间的交流以及孩子之间的友谊，亦有助于孩子的空间认知能力的创建。

老年人喜欢去相对便宜的露天剪发。我们在调研中发现社区内也有这样一群人，但由于姑娘社区景观建设处要搬迁。我们选择建设一个用于限定空间的可移动小棚，让露天理发成为社区景观的一部分。醒目的构架让老年人寻找起来也很轻松。由于使用了可拆卸的构件，非常轻巧。可根据需要随时拆卸重组、移动位置。

初始的想法

灵活多变的折线家具和较大的城市家具，同时增加公众参与和互动

图 2-4（b）

作业题目：定制化生活方式——灵活多变的使用方式，学生：丛佳仪、毕可心、杜媛媛、郝嘉旌、牛一凡，指导教师：马欣

04-1　模型模拟

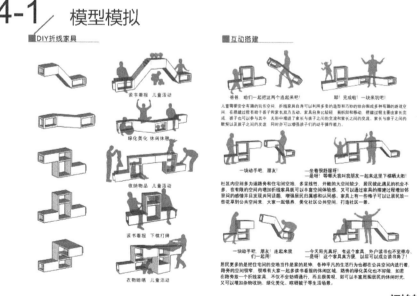

■DIY折线家具　　　　■互动搭建

儿童需要安全有趣的玩乐空间，折线家具自身可以利用间多变的造型和形的结合搭配出有趣的游戏空间，在搭建过程有助于孩子和家长互动，家具自身比较轻。易拆卸和移动，搭建过程能主要出来完成。孩子也可以参与其中，无形中增进了家长与孩子之间的交流。家长与孩子之间的默契以及其之间的友谊同时亦可以锻炼孩子们的手操作能力。

社区内空间多为道路务和住宅间空地。多呈线性。开敞的大空间较少。居民彼此遇见的机会不多。在有限的空间内增加折线家具可以丰富空间体验感，可以通过家具的搭建过程增加邻里间的感情并且发现共同话题。增强居民归属感和认同感。家具上一些椅子可以让居民放一些花草可用公共空间，大家一起领养，美化社区公共空间，打造社区一景。

居民更多的是把住宅间的空地当作是家的延伸，各种平凡的生活行为也都在公共空间内进行。路务的空间较窄。很难有人大家一起多坐半着看看的休闲区域。路务的绿化美化也不好做。如果在路务放一个折线家具，不仅不会妨碍通行，而且很美观。即可以丰富居民阶层民的休闲时光，又可以增加杂物收纳、绿化美化、晒晒被子等生活场景。

初始的想法

灵活多变的折线家具和较大的城市家具，同时增加公众参与和互动

图 2-4（c）

作业题目：定制化生活方式——折线家具的构思，学生：丛佳仪、毕可心、杜媛媛、郝嘉旌、牛一凡，指导教师：马欣

设计者从线性构件发展出拼插家具，它们都有一定的不足之处，包括：不具有避雨避暑功能，放置室外利用率不高；设施舒适度欠佳；功能未进行明确划分，且服务人群有限。在此基础之上，对结构交接进行精细化处理，发展出"C"形城市家具。"C"形家具改进了之前的不足，同时更深层次地体现了城市家具的意义，以此为社区提供更好的服务。增加竖向绿化，又赋予了新的材料和生态理念：吸顶太阳能板，同时夜间可充当路灯作用；海绵城市雨水收集养花；折叠翻板，可休息，可置物。通过这些技术手段使其体现自身功能，实现设计构思。

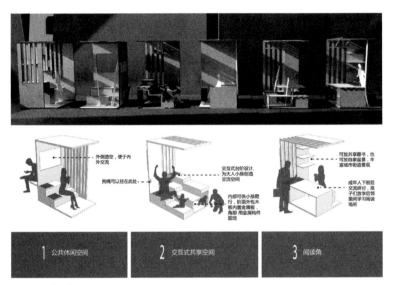

图2-4（d）
作业题目：定制化生活方式——"C"形家具的功能，学生：丛佳仪、毕可心、杜媛媛、郝嘉旌、牛一凡，指导教师：马欣

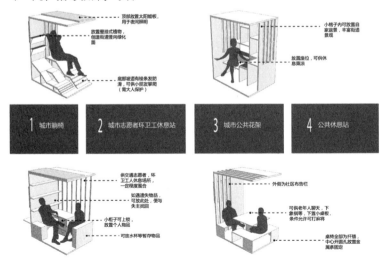

图2-4（e）
作业题目：定制化生活方式——"C"形家具的功能，学生：丛佳仪、毕可心、杜媛媛、郝嘉旌、牛一凡，指导教师：马欣

04-2 / 交接方式

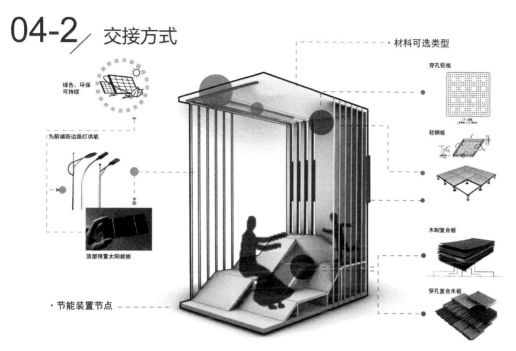

图 2-4（f）
作业题目：定制化生活方式——"C"形家具的交接方式，学生：丛佳仪、毕可心、杜媛媛、郝嘉旌、牛一凡，
指导教师：马欣

04-2 / 交接方式

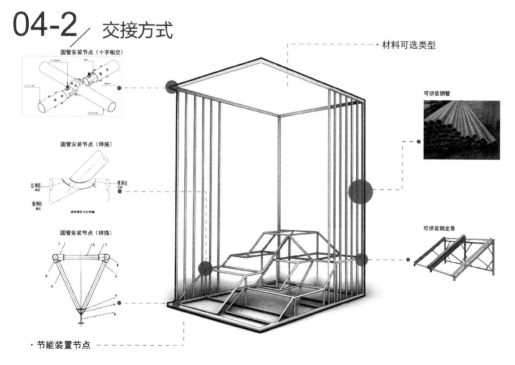

图 2-4（g）
作业题目：定制化生活方式——"C"形家具的交接方式，学生：丛佳仪、毕可心、杜媛媛、郝嘉旌、牛一凡，
指导教师：马欣

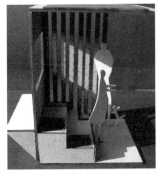

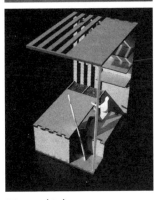

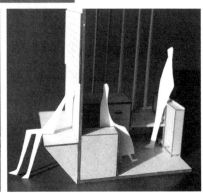

04-3 模型照片

图 2-4（h）

作业题目：定制化生活方式——根据技术方案制作的模型，学生：丛佳仪、毕可心、杜媛媛、郝嘉旌、牛一凡，指导教师：马欣

04-4 模拟投放

图 2-4（i）

作业题目：定制化生活方式——模拟放在街道的效果，学生：丛佳仪、毕可心、杜媛媛、郝嘉旌、牛一凡，指导教师：马欣

作业 5：首钢剧场设计

该方案的构思带有明显的设计者个人的主观倾向，由于设计的地段在原首钢工业园区内，设计者对建筑的形象构思来源于冷却塔。同时，考虑到场地两侧景观和内部功能的需求，构思了两端高、中间低的形式。设计者通过对冷却塔的结构进行分析，在方案中采用了空间结构形式，从概念上模拟结构骨架，使得方案的构思没有停留在"空中楼阁"之上，而使其在一定程度上是真实可行的。

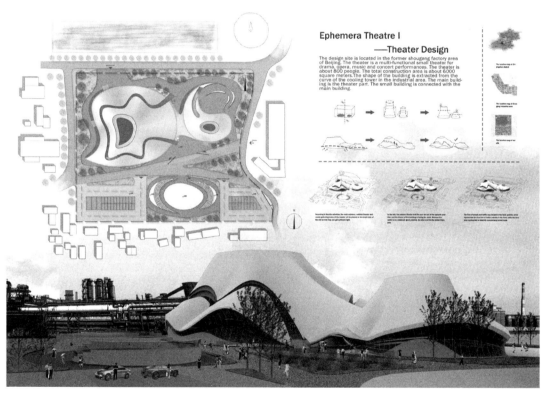

图 2-5（a）
作业题目：首钢剧场设计，学生：金秋彤、刘嘉雯，指导教师：马欣

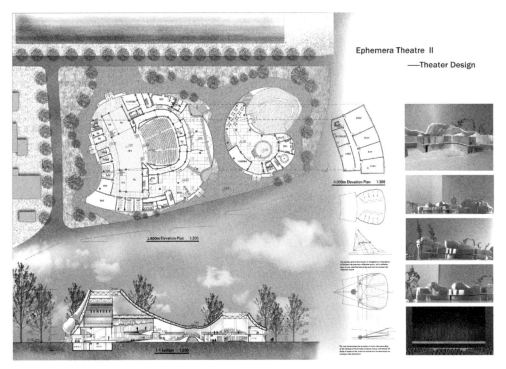

图 2-5（b）
作业题目：首钢剧场设计，学生：金秋彤、刘嘉雯，指导教师：马欣

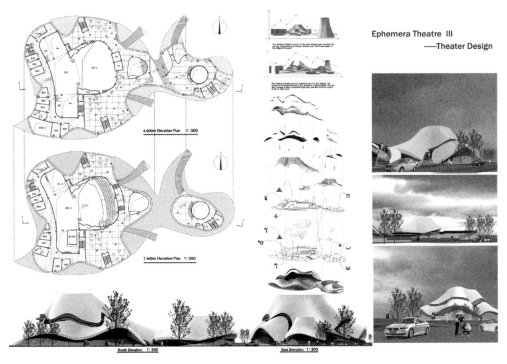

图 2-5（c）
作业题目：首钢剧场设计，学生：金秋彤、刘嘉雯，指导教师：马欣

第3章｜从概念层面理解技术问题的设计训练

　　建筑技术从根本上而言，是应用性知识。建筑技术只有应用于建筑设计，并服务于建筑设计，才能体现技术设计的价值。技术设计真正应用于建筑设计并在建成之后得以实现是一个复杂的系统，需要经过很多阶段。这些阶段主要包括设计方案初期的概念性技术方案、设计方案深化阶段的技术性方案的确定、设计扩初阶段的技术深化设计、施工图设计阶段的技术专业设计以及施工过程中技术方案的实现，甚至还包括了投入使用之后的运行维护。在整个过程中，有些阶段是需要各个技术领域的专业工程师才能完成的，这就需要建筑师和工程师的完美配合。要做到这点，职业建筑师也要经历大量实际工程的锻炼才能做好，而对于学生而言，更重要的则是在学生阶段建立一个概念，为今后走向职业作好准备。

　　作为职业建筑师，其所承担的主要工作是建筑专业的设计工作，但由于其往往需要担任项目负责人的角色，要把控整个设计过程并对最后的成品负责，所以，需要建筑师在一定程度上掌握技术设计的内容，以便于设计方案的推进以及各个专业的沟通配合。对于技术内容，建筑师的掌握程度主要可以分为三个层级：

　　（1）知晓。建筑师知道建筑设计需要结构、设备等专业设计和合作，也知道一些基本概念，在工作中各自做各自的设计，如果有矛盾再修改设计。这是最低层次，只能保证建筑师推进工作，但是，建筑师在技术问题面前完全是被动状态。

　　（2）理解。建筑师理解技术概念，具有一些基本原理的概念，能在方案设计中初步判断出可能存在的技术问题，或者能按照基本的技术原理进行方案设计，例如根据结构选型的知识构思建筑的形体特征等。在碰到技术问题时，可以与相关专业的工程师共同分析原理，提出可行的方案。这是大部分合格职业建筑师的层次，是推进建筑师构思能够尽可能真正实现的基础。

　　（3）掌握。建筑完全掌握技术设计的方法、途径，甚至能够进行相关计算直接进行技术设计。例如，建筑师本身就可以完成结构专业的设计，或者根本就具备结构工程师的执业资格。这样可以使建筑与技术完全统一实现。但这是一种较为理想的状态，能做到这点的建筑师并不多，例如意大利建筑师奈尔维、西班牙建筑师圣地亚哥·卡拉特拉瓦等。

　　学生在学习阶段设有各个专业领域的技术类课程，这类课程主要讲授基本概念、基本原理以及简单的计算。但是大部分这类课程是并不进行设计的训练，即使进行设计也是局限在以某一技术知识点进行的，以"抄绘""模仿"等要求为主的，简单重复的作业。这样的训练确实对于学生理解技术知识具有重要作用，使学生很容易达到上述"知晓"的层次。要达到"理解"的层次，就需要在设计训练中强化技术概念，要求学生在方案设计中思考、设计并表达出与设计相关的技术概念。在这个过程中，学生的设计可能存在各种各样的不足，甚至是错误，但只要其技术概念的逻辑是正确的，就可以达到预期的训练目标，学生也就可以通过自己的设计方案理解技术概念与方案设计之间的关系。

结构问题是技术问题中最为重要的，也是影响建筑方案设计最主要的因素之一。学生在方案设计中建立结构问题的概念对学生专业学习有特别重要的作用，但是，这对于学生来说，也是学习的难点之一。

旧厂房改造是训练结构问题概念的适宜题目之一。旧厂房改造课题中，设定了一个已有单层厂房。厂房结构为钢结构，单层桁架结构。屋架结构底面距地面 10m，吊车梁底面距地面 8m。屋面坡度为 15°。外墙为 240mm 厚砖墙，不承重。改造设计对原有厂房提出具体要求：不得拆除原有结构（含柱与屋架），墙、屋顶面层均可根据需要拆建。新建结构不得影响原有结构的安全性。这样的设定使学生明确了原有结构的逻辑，明确了结构构件和围合构件的关系，同时给了对原有厂房可能的改造范围。在空间设定上也提出了要求：新建建筑的面积约是原有厂房面积的 3 倍，新建建筑面积中必须要有容纳不少于 350 人的小型灵活的观演空间。这样的空间限定，使学生在方案设计中必须要考虑新建结构与原有结构的关系。而考虑这些关系的同时，实际上是要求学生在方案构思的时候，考虑如何利用现有的厂房结构，这就使得学生不得不在设计中从概念层面理解结构技术问题。

作业 1：旧厂房更新设计

该方案充分利用了原有结构围合的空间，利用原来的结构高度和跨度，在计算满足观演功能需要的空间尺度基础上，在原有厂房内实现了新功能要求的大空间。新建部分主要围绕原有厂房展开，去除部分原有厂房的围护结构，结合新建部分丰富了建筑的立面，使其改变了工业建筑的形象，具有公共建筑的形象特征。在设计中，通过分析图的方式阐述了对原有和新建结构的概念理解，虽然平面图中柱子的表达有一些问题，但是对结构逻辑的概念理解已经初步具备了。

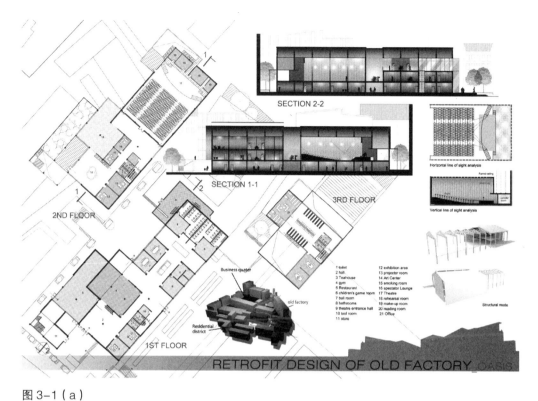

图 3-1（a）
作业题目：旧厂房更新设计，学生：林书毅，指导教师：马欣

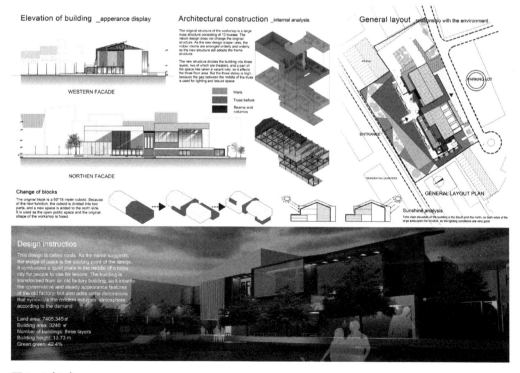

图 3-1（b）
作业题目：旧厂房更新设计，学生：林书毅，指导教师：马欣

作业 2：大厂间

该方案在分析任务要求和场地特征的基础上，以网格为构图单元，将新的功能以网格为模数建立体块，植入旧厂房，并延伸到场地中，使得建筑与场地形成完整统一的活动空间。方案构思独特，旧的厂房结构成了整个场地的一部分，与新建部分融合形成开放空间、灰空间到封闭空间的丰富空间层次。在结构概念上，保留了原有结构的骨架，利用其大跨的特征，在其内部附加了以网格为基础的新的结构体系。即使图中部分新柱子与原有结构柱紧贴会存在一定问题，但对于新旧结构逻辑的概念是清晰的。

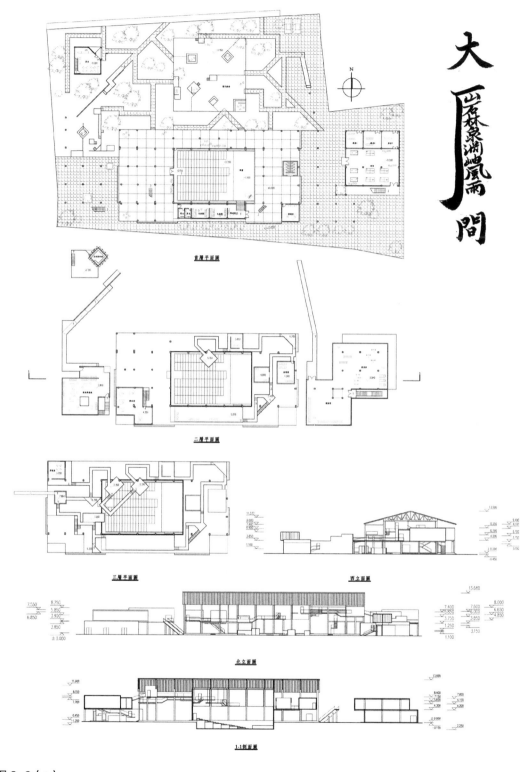

图 3-2（a）
作业题目：大厂间，学生：徐天阳，指导教师：马欣

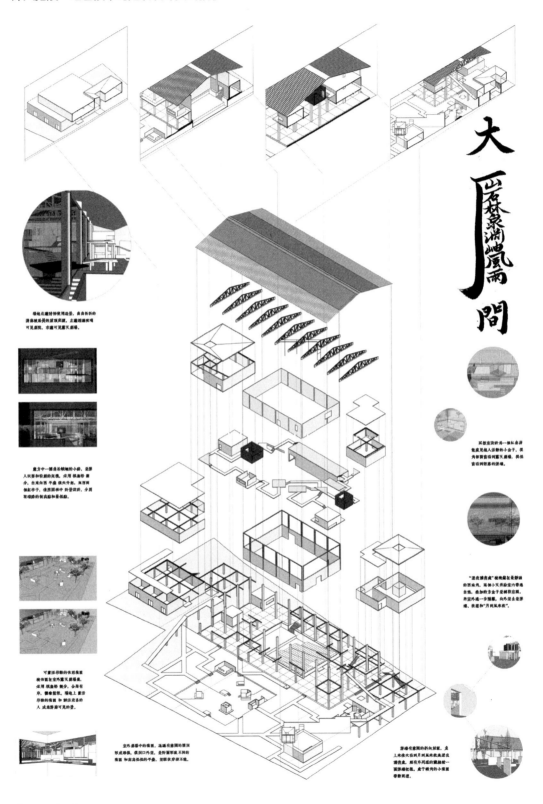

图 3-2（b）
作业题目：大厂间，学生：徐天阳，指导教师：马欣

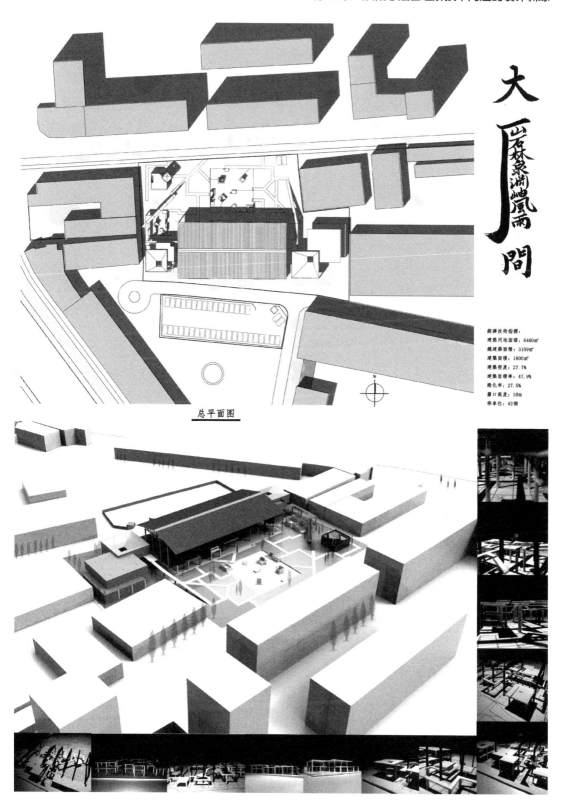

大山石林泉渊岫风雨間

经济技术指标：
建筑用地面积：6480m²
总建筑面积：3109m²
建筑面积：1800m²
建筑密度：27.7%
建筑容积率：47.9%
绿化率：27.5%
檐口高度：10m
停车单位：42个

总平面图

图 3-2（c）
作业题目：大厂间，学生：徐天阳，指导教师：马欣

作业 3：回·转

方案设定了开放的公共部分和洽谈等较为私密的部分两种空间类型，希望可以统一在整个厂房的核心空间，而不是割裂开来。基于这一构思，方案围绕原有厂房加建新的结构，形成环绕原有结构的"回转"空间。在结构概念逻辑上，形成了新旧统一的处理，虽然平面表达中新旧柱的表达可以更清晰，但是做到了结构概念符合方案构思的需求。

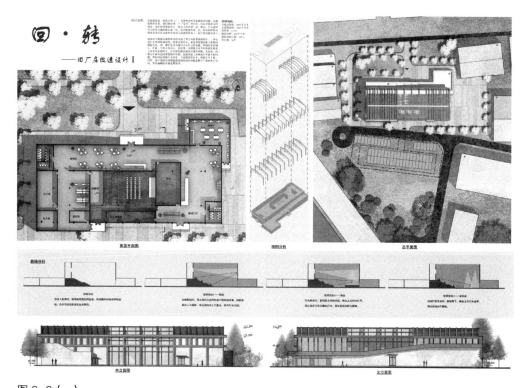

图 3-3（a）

作业题目：回·转，学生：延陵思琪，指导教师：马欣、温芳

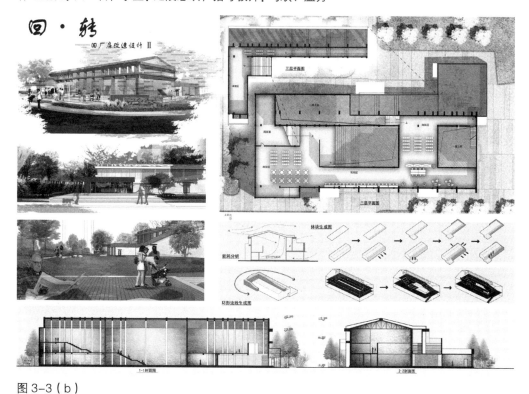

图 3-3（b）

作业题目：回·转，学生：延陵思琪，指导教师：马欣、温芳

作业 4：破——旧厂房改造

该方案最大限度地利用了旧厂房形成的大跨空间，将功能尽可能多地植入原有结构内部，最大化地减少新建的结构。但方案的重点在于利用建筑与场地形成一个开放的格局，打破原有建筑的制约，打破建筑内外空间的分隔，形成空间的连续。围绕这个构思，方案彻底打破了原有建筑的围护结构，也打破了原有厂房的形态特征，使其与新建部分完美地成为一体。通过这个处理方式，方案将结构和围护的概念逻辑表现得十分清晰。

图 3-4（a）
作业题目：破——旧厂房改造，学生：冯萱，指导教师：马欣、温芳

图 3-4（b）
作业题目：破——旧厂房改造，学生：冯萱，指导教师：马欣、温芳

作业 5：旧厂房改造——社区活动中心

该方案将功能需要的大空间利用原有厂房结构的大跨特征，在厂房内实现，将其他功能完全建一个新的建筑。在建筑形象上，模仿原有厂房结构，也形成两坡顶的形式。但是，一部分拆除原有厂房的围护结构，再加建一些桁架，新建筑在形式上呼应，又不完全采用同样的手法，最终形成了较为独特的造型特征。对于原有结构的模仿和分析，尝试用新的结构去理解结构与造型的关系，这是对学习建立结构概念的重要途径之一。

图 3-5（a）

作业题目：旧厂房改造——社区活动中心，学生：任毓瑶，指导教师：马欣

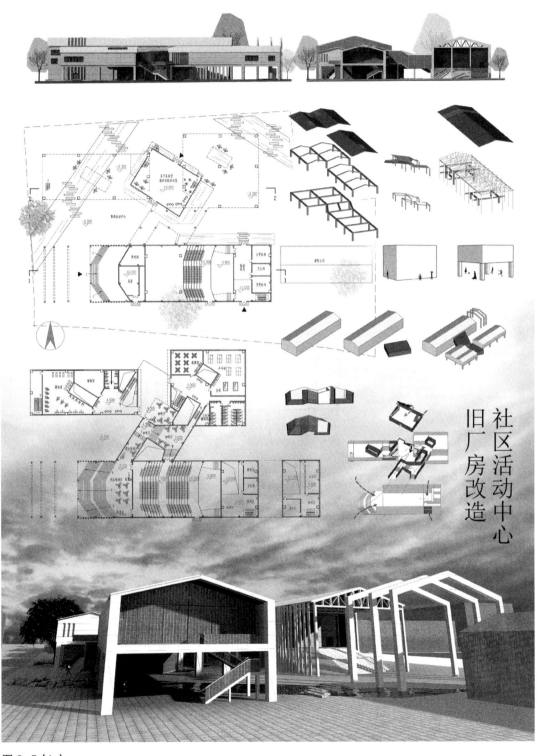

图 3-5（b）

作业题目：旧厂房改造——社区活动中心，学生：任毓瑶，指导教师：马欣

作业 6: 乐活社区

　　该方案在平面功能上,利用现有厂房的大跨度空间灵活布置阅览、活动的功能,赋予原有厂房新的活力,将新功能需要的大空间完全新建。两个建筑完全脱开的方式也是对原有结构保留要求的一种概念上的处理方式。方案中新建建筑的结构和造型设计上呼应了原有厂房,采用了桁架结构,同样依据结构形成了坡屋顶的造型,然后在坡向上进行调整,形成了新建筑体型的对比与统一。

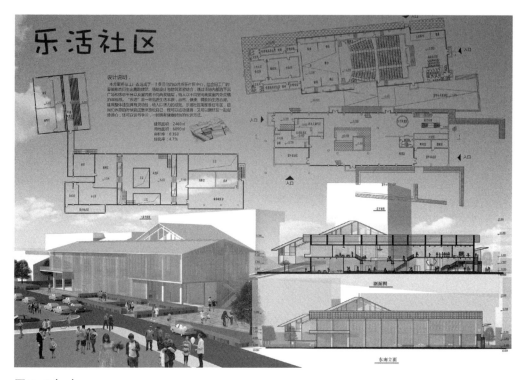

图 3-6（a）
作业题目：乐活社区，学生：毕可心，指导教师：马欣

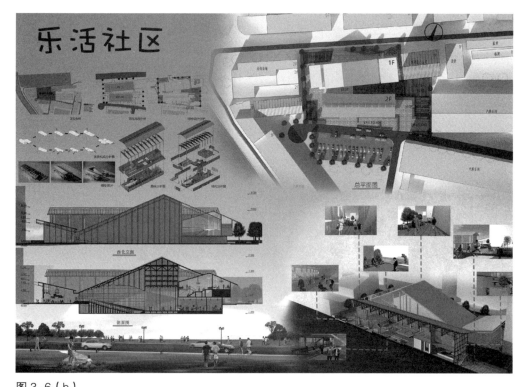

图 3-6（b）
作业题目：乐活社区，学生：毕可心，指导教师：马欣

作业 7：旧厂房改造——居民活动中心

　　该方案的构思不同于传统的旧建筑利用，而是在保留原有结构的基础上，加建一个全新的结构，将原有建筑整体覆盖。方案试图创造一个全新的环境、全新的建筑，建立一个新的空间秩序。这样的设计体现了学生对设计创意的追求，尽管在实现上还存在若干问题，但是，其建立了一套基本符合逻辑的结构体系来支撑自己的立意与构思。从学习的角度，这是一次有意义的尝试。

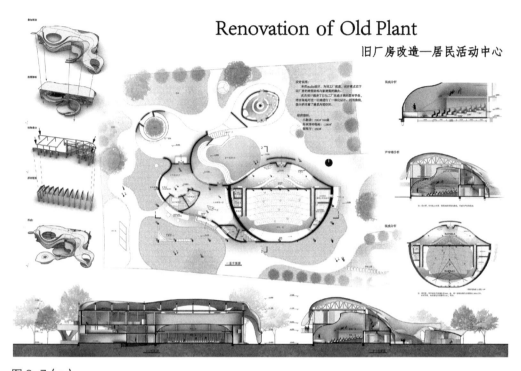

图 3-7（a）
作业题目：旧厂房改造——居民活动中心，学生：牛一凡，指导教师：马欣、温芳

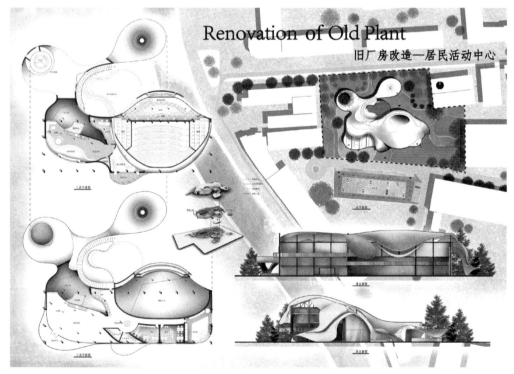

图 3-7（b）
作业题目：旧厂房改造——居民活动中心，学生：牛一凡，指导教师：马欣、温芳

作业 8：脉·流转——香港口岸国际概念设计

　　对结构概念的理解是培养学生从概念上理解技术问题的重要途径。如果在此基础上能够对结构逻辑有较为深入的认知，并且将其作为方案构思的实现途径，那就在技术概念的层面上更进了一步。该设计不是旧厂房的改造，但也是一个在大跨度空间内布置一系列相对跨度小的空间的案例。这是一个旅检大楼，其功能要求有一系列检查的流线。方案根据这一功能特征，逐步形成"脉"的设计理念，在一个透明体内部，设计了一根根形似"脉"的管子，功能上成为不同类型旅客通关检查的通道，人流如织在形象上成为透明体内的核心，暗喻了旅检大楼功能中最核心的脉络。方案对其结构的体系、结构节点的逻辑进行了较为深入的设计，并将表皮和结构的关系表达得十分清晰，使其也成为建筑的丰富细节。

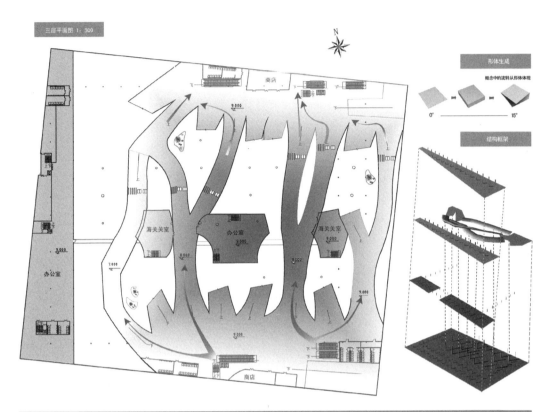

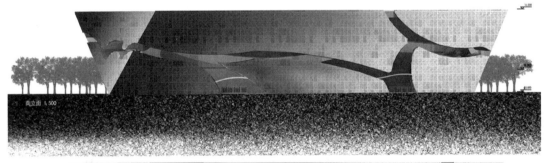

图 3-8（a）

作业题目：脉·流转——香港口岸国际概念设计，学生：董华楠、刘津含、马秋妍、赵辰、张萌，
指导教师：马欣、杨瑞

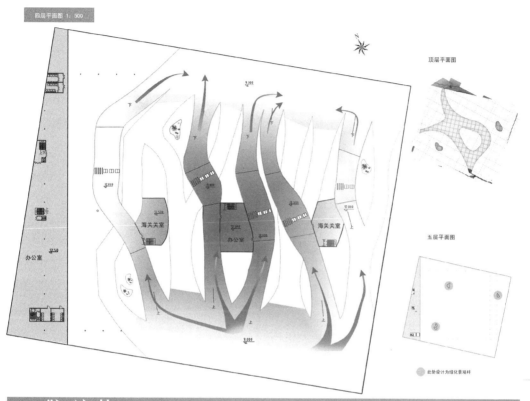

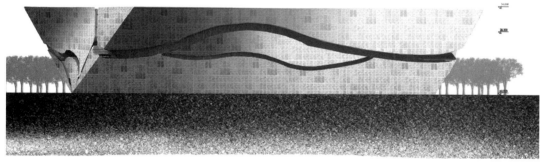

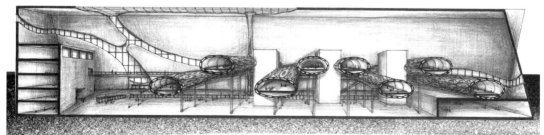

图 3-8（b）
作业题目：脉·流转——香港口岸国际概念设计，学生：董华楠、刘津含、马秋妍、赵辰、张萌，
指导教师：马欣、杨瑞

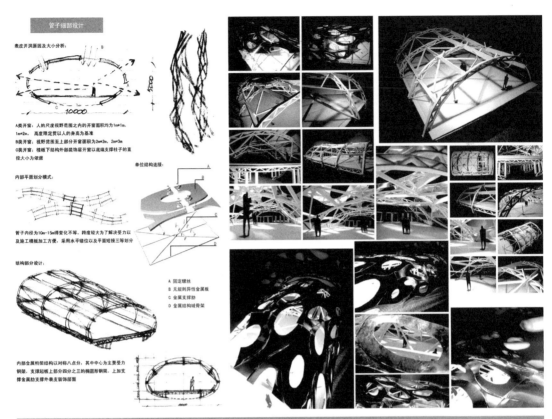

图 3-8（c）
作业题目：脉·流转——香港口岸国际概念设计，学生：董华楠、刘津含、马秋妍、赵辰、张萌，
指导教师：马欣、杨瑞

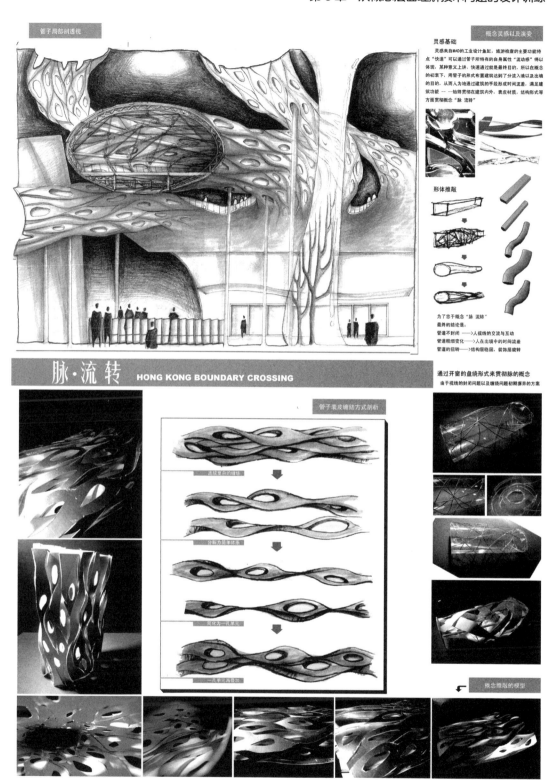

图 3-8（d）

作业题目：脉·流转——香港口岸国际概念设计，学生：董华楠、刘津含、马秋妍、赵辰、张萌，
指导教师：马欣、杨瑞

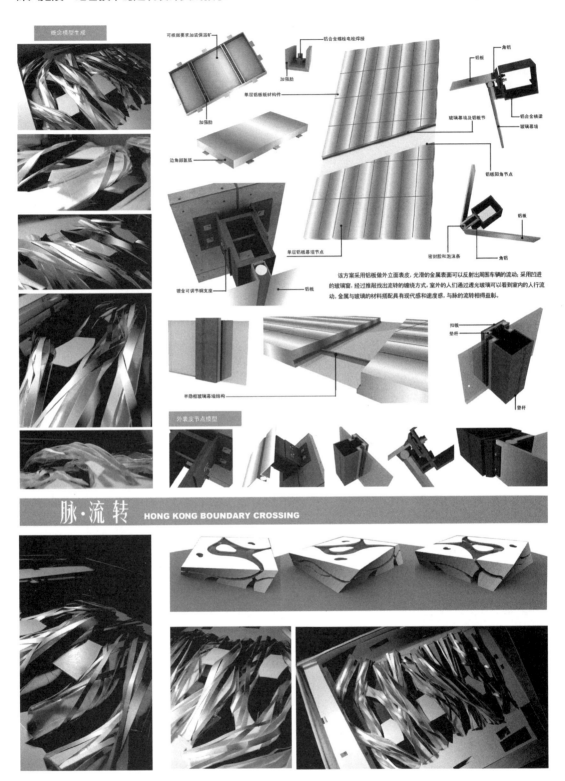

图 3-8（e）
作业题目：脉·流转——香港口岸国际概念设计，学生：董华楠、刘津含、马秋妍、赵辰、张萌，
指导教师：马欣、杨瑞

第4章 | 侧重声环境的观演建筑设计

建筑物理环境是建筑技术范畴中十分重要的一个分支。建筑物理环境是人们生存环境的重要组成部分。人们在所处的各种空间环境中，不断接受各种物理因素的刺激，这就是人对物理环境的感受。这些刺激与人的工作效率、身心健康和生活舒适有着直接的联系。刺激过低，不能引起人的注意或合理反应；刺激过高，有可能对人造成伤害。因此，建筑物理环境的基本要求是效率、舒适、安全。然而，在任何建筑未落成之前，这些刺激值都是无法得到的，人也无从感受，这就需要相关技术知识、经验以及规律形成的科学参数值来指导设计。因此，建筑物理环境所研究的内容概括起来就是人在空间环境的主观感受和建筑物理环境客观参数的关系。这其中的相互关系既有定性的分析，也有定量的计算。一般的建筑教育体系中，技术类课程中有相应的计算要求；在设计训练中更多的是定性的分析。

建筑物理环境包括声、光、热三个部分，在设计课题中，以声环境为切入点，进行设计题目的选择和设计训练，重在提出方法，明确设计路径。通过设计训练，练习实践建筑技术理论课程中的知识点和技术原理、规律等内容。观演建筑中的核心空间是观众厅和舞台空间。这两个部分的核心是方案构思的灵魂，同时，其形式很大程度上决定了建筑整体的造型特点。就技术而言，观众厅和舞台由于其观演的要求对视线、声学和结构有着特殊的要求。因此，观演建筑作为选题可以有效地训练技术问题与设计的结合，实现在技术制约的条件下开展建筑设计构思。在此基础上，侧重声环境的设计，向声学设计的计算问题适当延展，加强了技术知识服务于建筑设计的概念，也训练了学生建筑方案向真实化的推进。

除去传统的建筑设计基本训练以外，在技术设计的教学中，强调观众厅的声环境和视线的设计。明确设计目标：视线设计的目的是"看得清、看得好"，声音设计的目标是"听得清，听得好"。具体而言就是，视线设计满足观众席各个位置的要求，声音设计满足舞台演出声音让观众听得清、听得好，同时隔绝噪声。视线设计就要求进行满足视线的座席升降设计。声学设计除了基本形式的设计以外，要求对平面、断面形状、吊顶形式进行几何声学设计以及观众厅的隔声设计。在此基础上，延伸室内材料的选择、吸声材料、反射材料或扩散板等如何布置，延伸混响时间的计算。通过这些具体的技术设计可以实践建筑物理课程中的知识，使学生掌握建筑技术知识的应用原理和方法。

观演建筑课题的任务书设置并不是完全从技术出发，同时还要强调建筑设计最基本的场地、环境、理念等要求，其目的就在于要将两者紧密结合起来，而不是仅仅为了训练技术而进行设计。

设计任务书确定了与训练重点密切相关的要点：

（1）场地环境与建筑造型和地段协调。重点要求设计方案将特定技术要求下的观演空间体量关系与所处环境产生某种关联，强调设计初期的构思就要考虑到技术因素的影响。

（2）室外环境要布置一个供公众使用的、形式不限的露天观演空间。露天空间不考虑声学、视线等技术设计，给了设计者充分的自由度去探索观演的含义。同时，也是比较室内、室外两种观演空间在是否具有声学视线要求下的异同点。

（3）观众席控制在 800 座，舞台要具有歌舞剧、话剧、戏剧以及音乐会等多功能演出需求。规模和功能的控制限定了观演建筑的性质以及基本的舞台形式和技术要求。

（4）设计成果要求观众厅和舞台的纵剖面实体模型或剖透视图。具体的表达要求实际在限制设计深度。纵剖面模型可以清晰地表达与舞台和观众厅的众多技术要求。

在设计中强化技术的要求并转化为对建筑构思与方案的积极影响，而非将技术要求看成建筑创意的制约，是一个建筑师必备的能力。因此，这也是培养建筑师中不可缺少的一个环节。在这个过程中，学生可能理解得不透彻，或者出现一些问题或错误，都不是问题的关键，重要的是举一反三，对技术问题如何影响建筑设计形成了概念，并在设计方案时不再因为未知技术要求对建筑影响的不确定性而产生恐惧。

从模型可以看出，设计中充分考虑到了舞台高度要求、舞台结构高度的影响、观众席的视线升起、吊顶对声音反射的设计、面光与耳光的位置等，其中，有些模型也可以发现建筑高度设计不够合理、部分高度浪费等问题。但这一过程无论优劣，都可以直观地帮助学生理解如何把如此多的技术要求与设计构思结合起来。

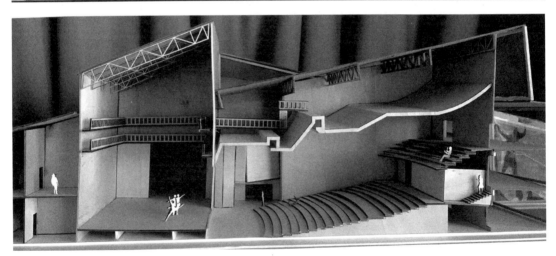

图 4-1　学生完成的纵剖面实体模型

作业 1：流动——剧场设计

　　该方案充分考虑到不同功能空间的不同层高要求，后台辅助、工作人员的功能分区采用多层布置，使其体量与观演空间高度相似，使整体建筑体块相对完整。对视线升起、面光和吊顶的声反射有较为清晰的分析。但是其整体造型构思与所处地段的关系不够深入。

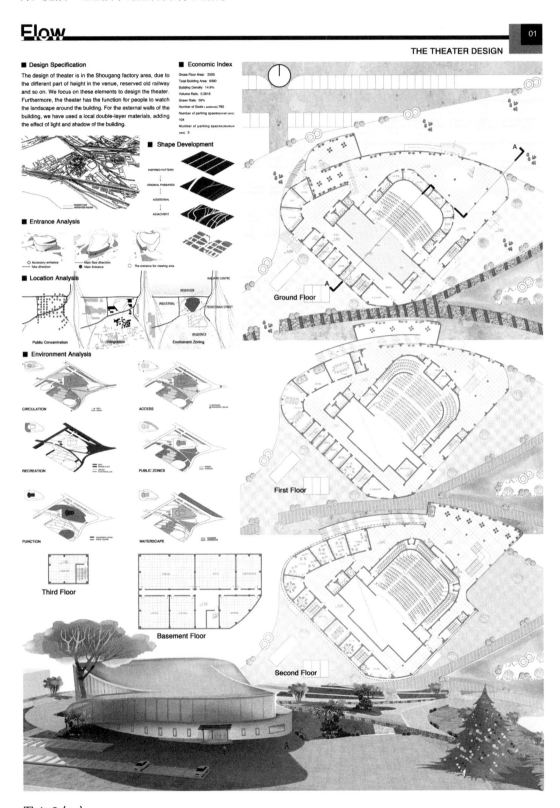

图 4-2（a）

作业题目：流动——剧场设计，学生：向宾、赵冰，指导教师：马欣、赵春喜

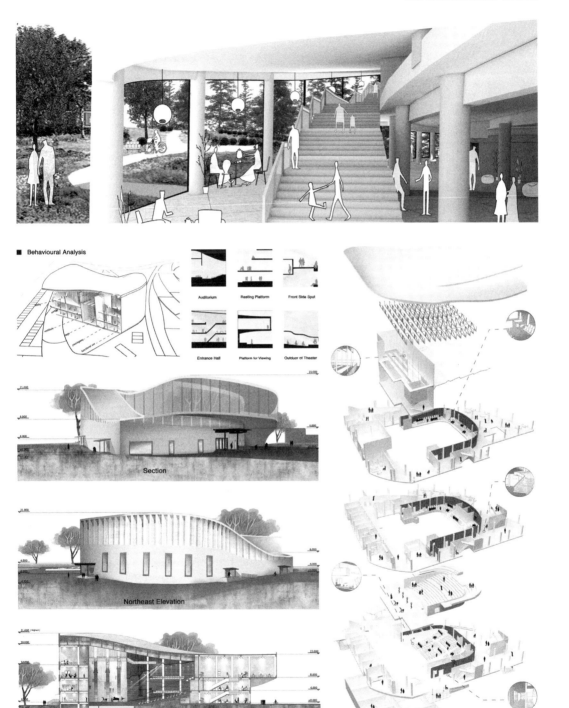

图 4-2（b）
作业题目：流动——剧场设计，学生：向宾、赵冰，指导教师：马欣、赵春喜

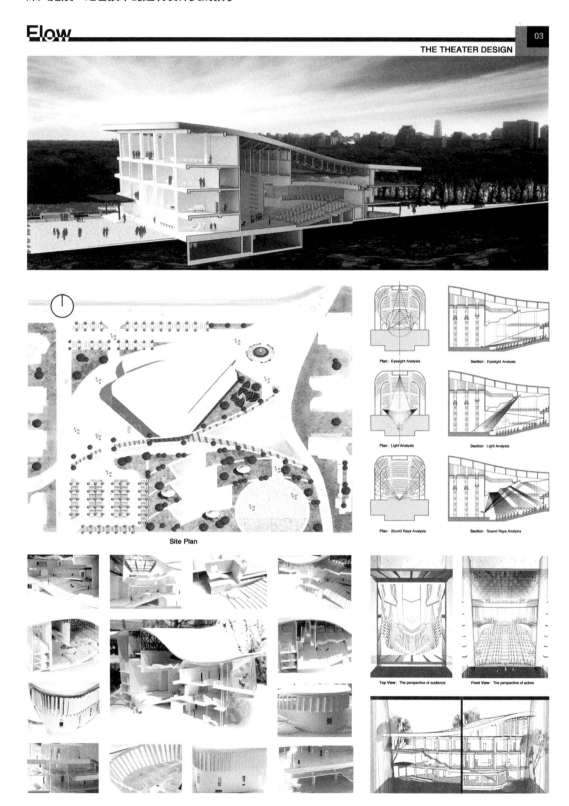

图 4-2（c）
作业题目：流动——剧场设计，学生：向宾、赵冰，指导教师：马欣、赵春喜

作业 2：在水一方剧场

　　方案地段依山傍水，建筑形体采用两个三角形的体量关系相互穿插起来，营造出一个地景建筑。同时，三角形的剖面形式与内部功能要求的层高契合，使体型与技术要求结合密切。室外、室内观演空间共用一个舞台是一个独特的创意，方案尽可能地在技术上实现了这一目标。

图 4-3（a）
作业题目：在水一方剧场，学生：赵子婧、杜素仙，指导教师：马欣、赵春喜

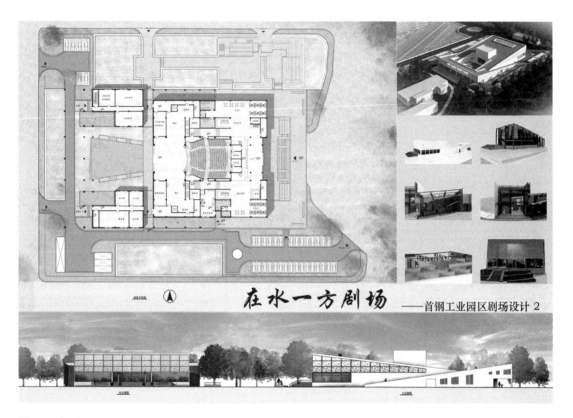

图 4-3（b）
作业题目：在水一方剧场，学生：赵子婧、杜素仙，指导教师：马欣、赵春喜

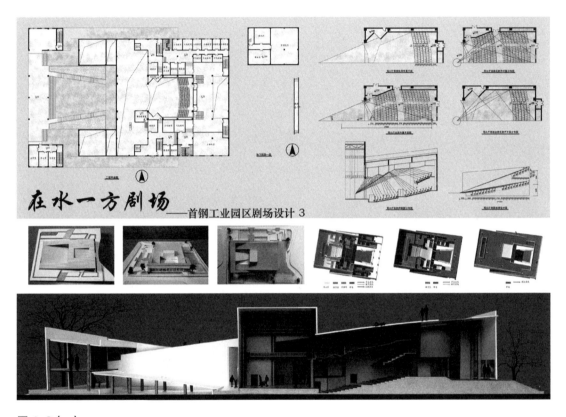

图 4-3（c）
作业题目：在水一方剧场，学生：赵子婧、杜素仙，指导教师：马欣、赵春喜

作业 3：小型剧场设计——曲韵悠长

在正圆形的平面中布局一个有技术要求的观众厅和舞台，还要合理布置后台流线，是一个挑战。该方案从场地的曲线运用到建筑的圆形造型，都在解决这个挑战带来的矛盾。总体而言，该方案很好地解决了这些矛盾，使建筑空间以及形体都具有一定特色，不同高度体量组合也符合不同功能的高度要求。但圆形的空间还是限定了观众厅的形状使其宽度不得不增大，两侧座席视野稍有不好。

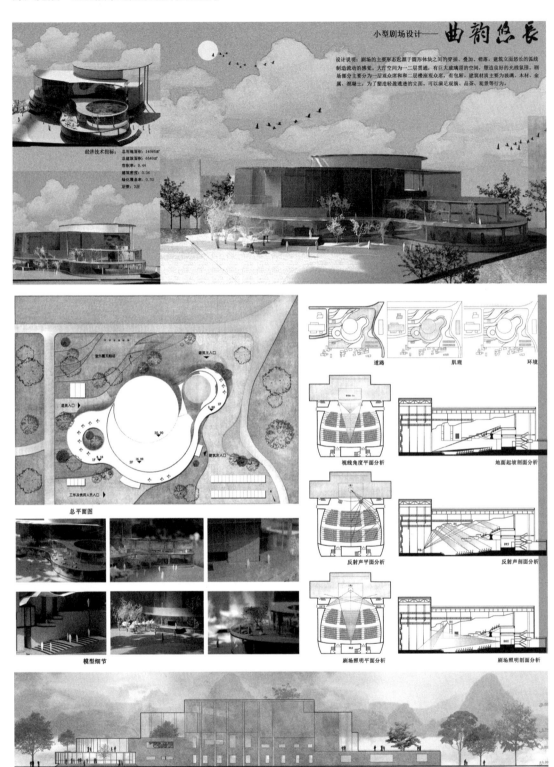

图4-4（a）

作业题目：小型剧场设计——曲韵悠长，学生：张冉、刘静，指导教师：马欣、赵春喜

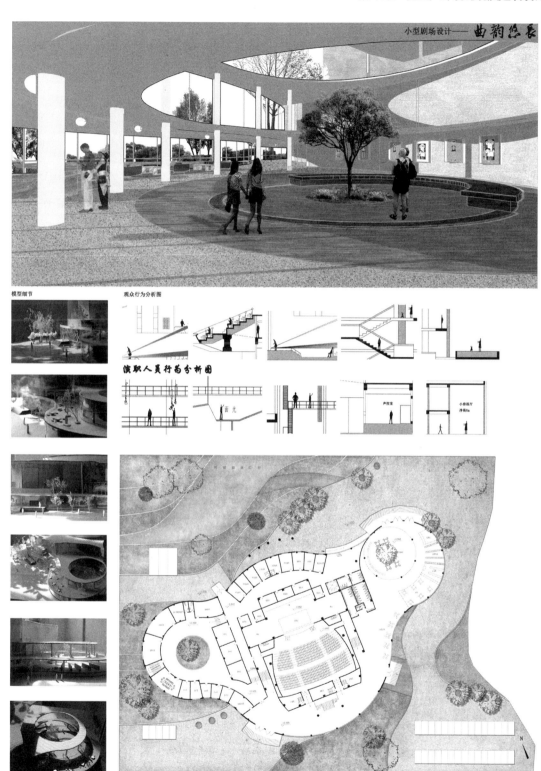

图 4-4（b）

作业题目：小型剧场设计——曲韵悠长，学生：张冉、刘静，指导教师：马欣、赵春喜

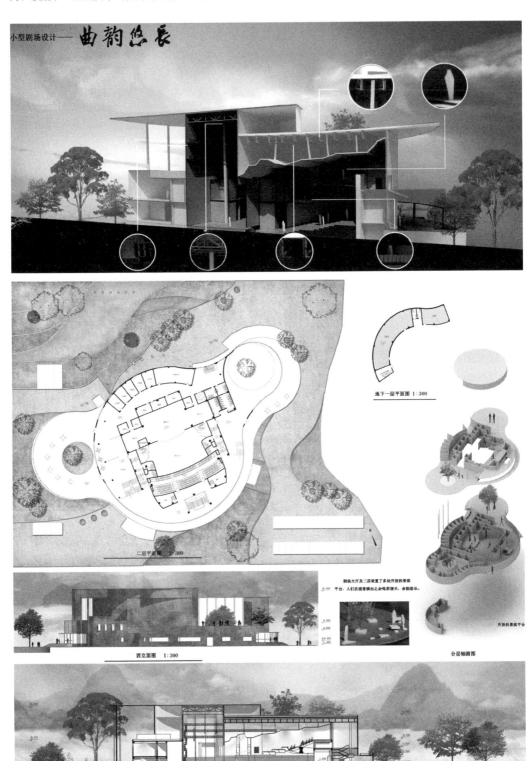

图 4-4（c）

作业题目：小型剧场设计——曲韵悠长，学生：张冉、刘静，指导教师：马欣、赵春喜

作业 4：剧场设计

　　矩形体型是最直接契合观演功能要求的体块形式。该方案将功能性空间布置在矩形体量内，内部联系紧密、流线简洁清晰，空间利用效率高。将另一个矩形旋转布置，自然形成了活跃的公共空间，将建筑的公共性体现得淋漓尽致。但是，为了形体特征，将观众厅高度设置得和舞台一样，高度空间上造成了一定的浪费。

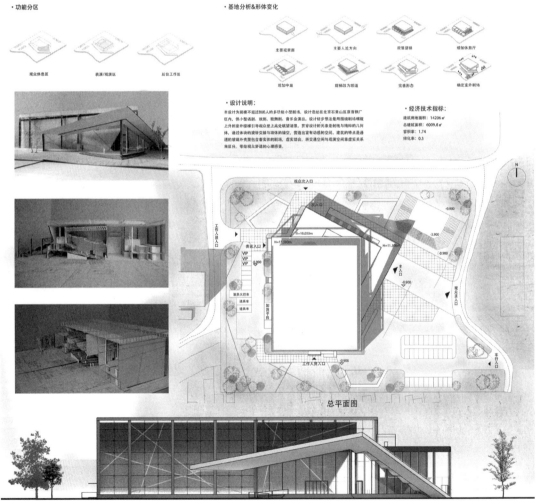

图 4-5（a）

作业题目：剧场设计，学生：覃巧颖、周子琴，指导教师：马欣、赵春喜

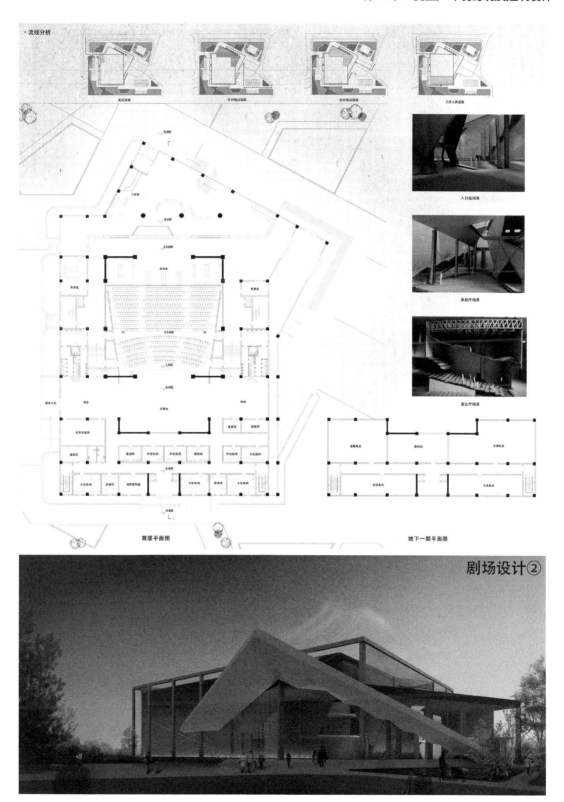

图 4-5（b）
作业题目：剧场设计，学生：覃巧颖、周子琴，指导教师：马欣、赵春喜

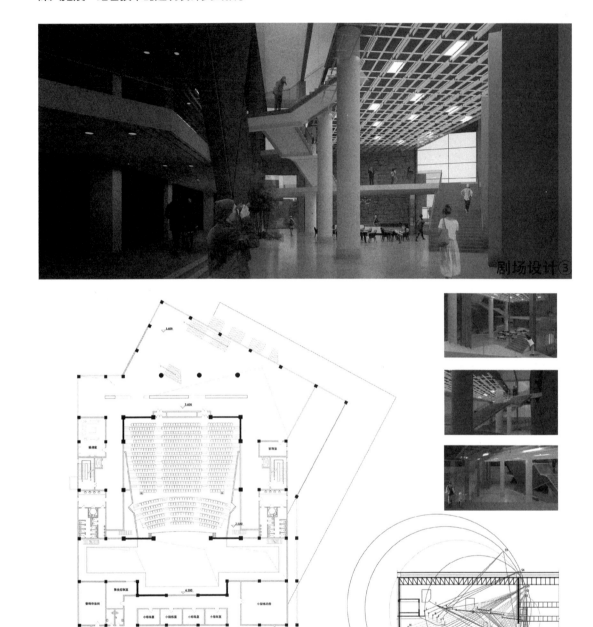

二层平面图

声线分析图

北立面图

图 4-5（c）

作业题目：剧场设计，学生：覃巧颖、周子琴，指导教师：马欣、赵春喜

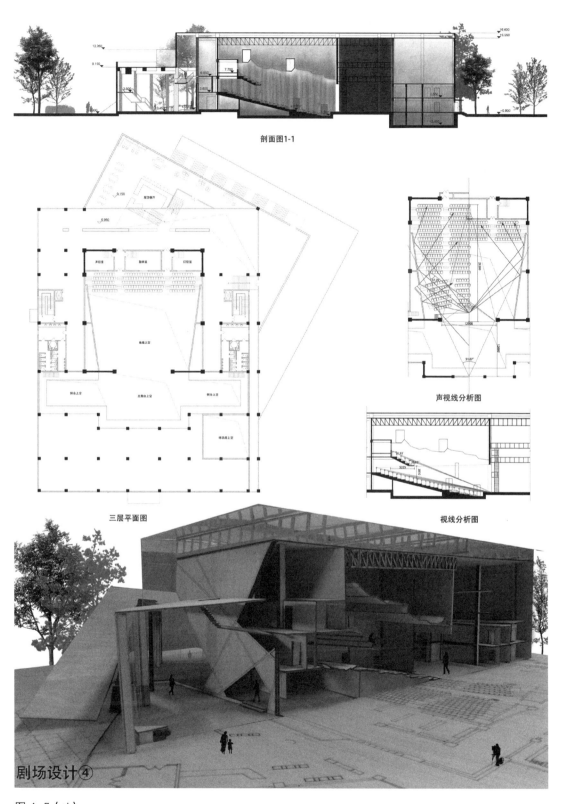

剖面图1-1

三层平面图

声视线分析图

视线分析图

剧场设计④

图 4-5（d）

作业题目：剧场设计，学生：覃巧颖、周子琴，指导教师：马欣、赵春喜

作业 5: 首钢工业园剧场设计

该方案从首钢工业遗产的大环境入手，从材料、结构等方面意图呼应工业遗

设计说明

该方案位于北京首钢工业园区内，所处地理位置十分优越，南面是永定河，北面是首钢核心保护区，同时场地内还有一条已经废弃的铁路。方案依托着围绕着这些元素产生，观众厅部分悬挑出来，底部形成一个体验良好的入口广场，同时在后台也做了底部架空处理，形成了另外一个灰空间，而这两部分的外立面采用了可调节的穿孔金属板，可根据当日的天气来实时调节，在建筑内营造出良好的日照环境，场地中置入许多桁架组成的方盒子，互相联系，可供人休憩、观景，在舞台的顶部有一个视野开阔的观景平台。南可望永定河，北可看首钢的工业风采，再结合废弃铁路做了一条绿化景观廊道，让人在欣赏歌舞剧的同时即可感受首钢的浓浓工业氛围，又可欣赏大自然的美丽景观。

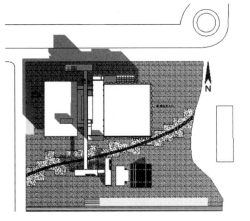

总平面图

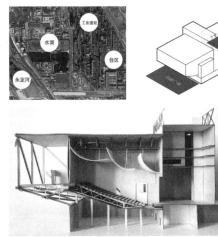

产的语汇。大胆的悬挑、清晰的结构逻辑关系以及合理的视线、声学设计都使得
该方案在技术层面上足够深入。

面向凉水池

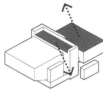

面向核心保护区与永定河的
屋顶平台

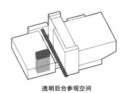

透明后台参观空间

图 4-6（a）
作业题目：首钢工业园剧场设计，
学生：司文、张欣杰，
指导教师：马欣

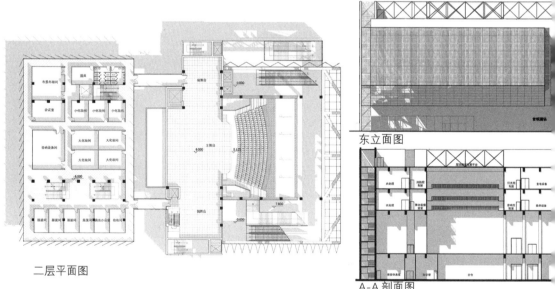

二层平面图

东立面图

A-A剖面图

图 4-6（b）

作业题目：首钢工业园剧场设计，学生：司文、张欣杰，指导教师：马欣

首钢工业园剧场设计

基于Grasshopper生成的弧形反射板采用 前二分之一部分反射到全场

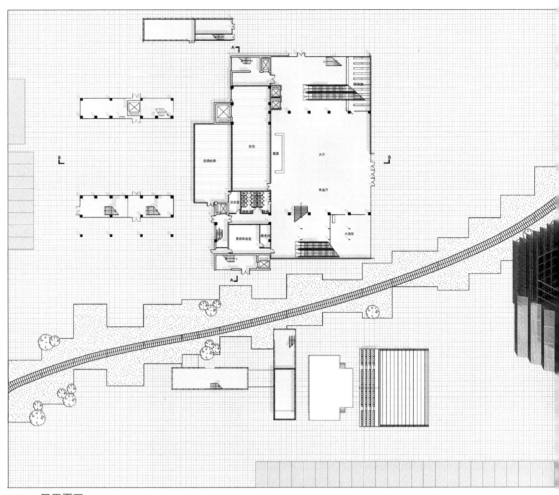

一层平面图

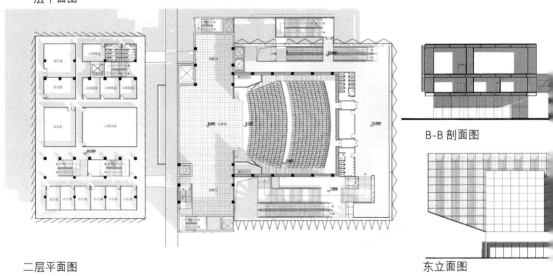

二层平面图

B-B 剖面图

东立面图

图 4-6（c）

作业题目：首钢工业园剧场设计，学生：司文、张欣杰，指导教师：马欣

首钢工业园剧场设计

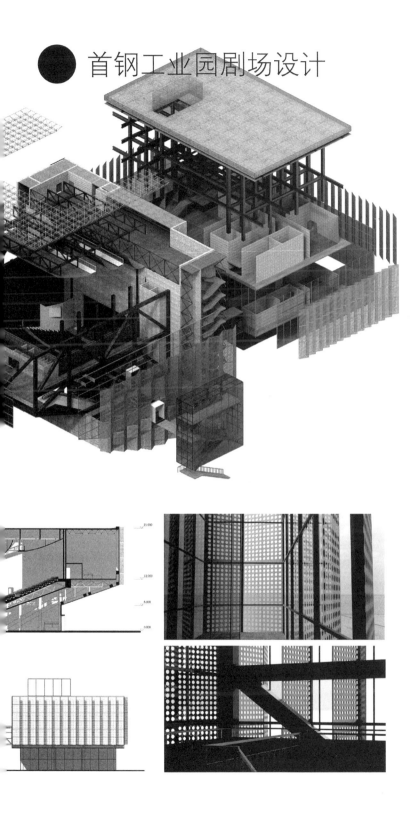

作业 6: 遗风——观演建筑设计

该方案将严谨与浪漫紧密地结合起来。建筑主体功能清晰，空间收放有度；外围的构架大胆开放，营造工业遗址园区的观览廊道。观演空间的技术设计深入细致，室内设计体现了造型与技术的统一。而且，方案在前厅充分利用了节能技术手段，使整个方案的技术性与艺术性得以完美结合。

图 4-7（a）
作业题目：遗风——观演建筑设计，学生：贺岁、吴思蓉，指导教师：马欣、赵春喜

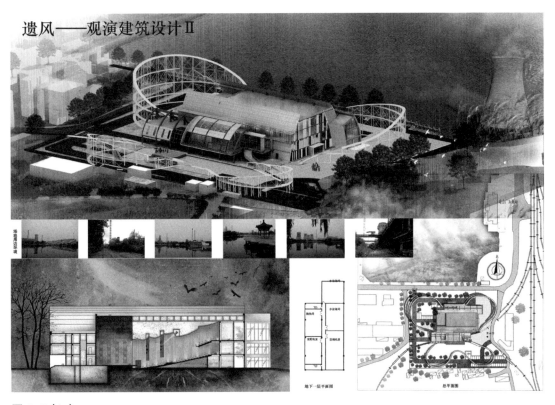

图 4-7（b）
作业题目：遗风——观演建筑设计，学生：贺岁、吴思蓉，指导教师：马欣、赵春喜

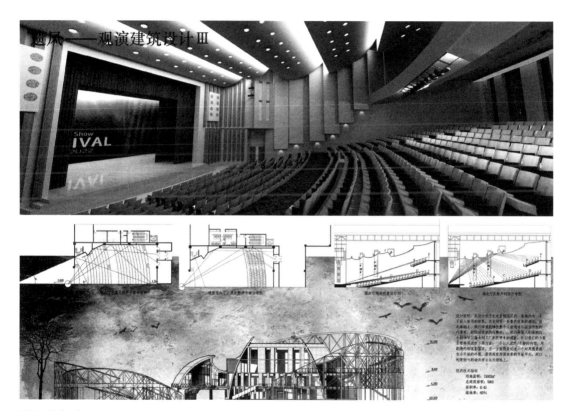

图 4-7（c）
作业题目：遗风——观演建筑设计，学生：贺岁、吴思蓉，指导教师：马欣、赵春喜

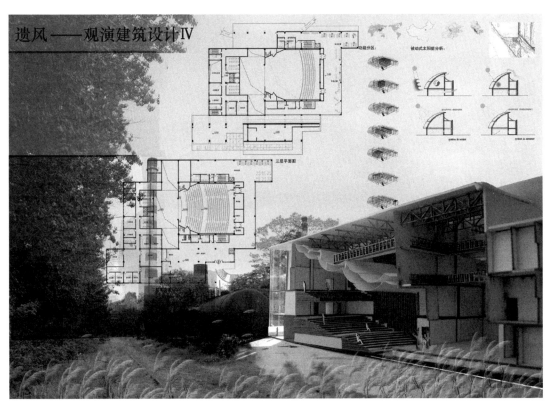

图4-7（d）
作业题目：遗风——观演建筑设计，学生：贺岁、吴思蓉，指导教师：马欣、赵春喜

作业 7: 行走间——剧场设计

方案将建筑融入环境，形成地景建筑。建筑的功能不仅是一个剧场，也是公园内游客休闲娱乐的场所。利用地势变化将水源引入建筑前方的凹地，并且延伸到建筑前厅内，成为一个观景、休闲的趣味点。无论是前来观演的观众还是公园内的游客，都能在行走间，看到自然，走入自然。方案还进行了混响时间的计算，在技术上较为深入。

行走间 THE DESIGN OF THEATER

设计说明：

　　建筑名为行走间，为多功能中小型剧场，基地位于北京永定河畔的莲石公园内。主要的设计思路是将建筑融入环境，也将自然引入到建筑之内。建筑的功能不仅是一个剧场，也是公园内游客休闲娱乐的场所，提高了建筑的使用率，成为公园内的一道风景。

　　设计过程首先是对基地进行了实地调研，找到建筑周边的主要景观点，在平面上对人流聚集的地方进行了一定的退让，根据景观朝向确定功能分区。其次通过对人流行为特点分析，将建筑的屋顶设计成流线的形态，设置道路将人流引向屋顶，在室内也有通往屋顶的道路，并在观众厅的上方布置咖啡厅，供行人休息娱乐。另外，方案对建筑周边的河畔环境进行了一定的设计，将原有的栈道改为流线型的步道，将陆地与水边联系起来，成为一个整体。利用地势将建筑前面的凹地引入水源，并且延伸到建筑前厅内，成为一个趣味点。无论是前来观演的观众还是公园内的游客，都能在行走间，看到自然，走入自然。

经济技术指标：

建筑总面积：5944㎡　　　　用地面积：34700㎡

绿化率：0.41　　　　容积率：0.17

剧场容量：756人

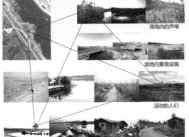

场地内的芦苇

场地内景观设施

活动的人们

公园内部环境

总平面图

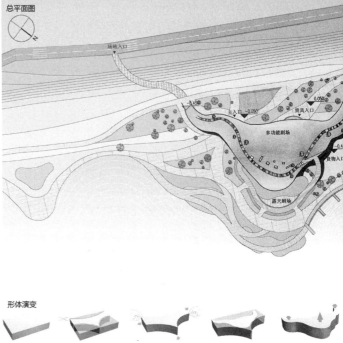

场地入口

贵宾入口

多功能剧场

货运入口

-0.450

主入口 -0.050

0.050

-0.450

形体演变

图 4-8（a）

作业题目：行走间——剧场设计，学生：李雪、吴加愈，指导教师：王新征、王又佳

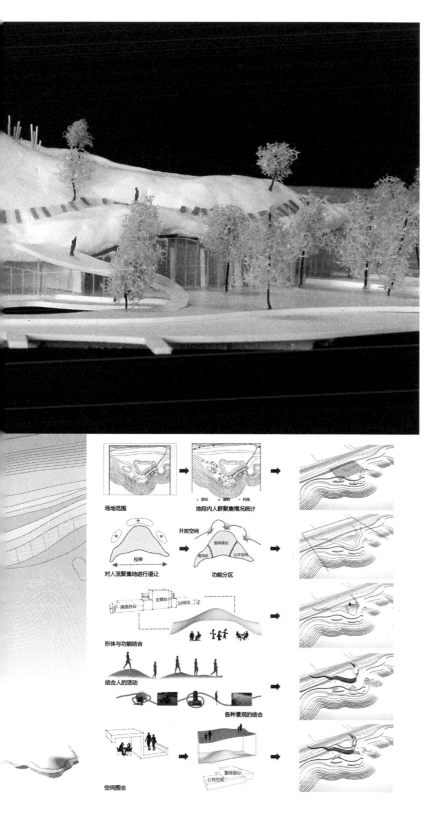

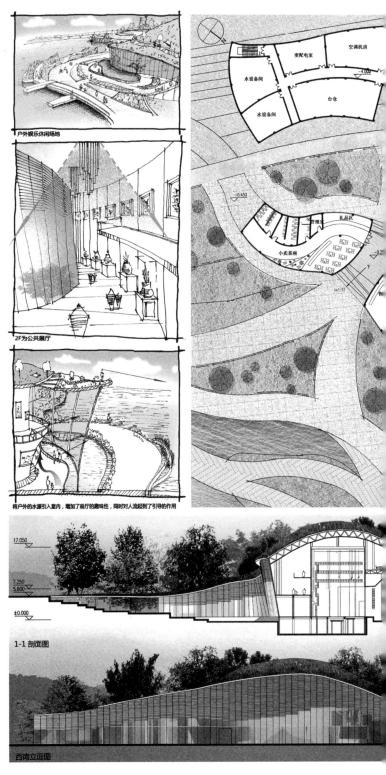

图 4-8（b）

作业题目：行走间——剧场设计，

学生：李雪、吴加愈，

指导教师：王新征、王又佳

首层平面图

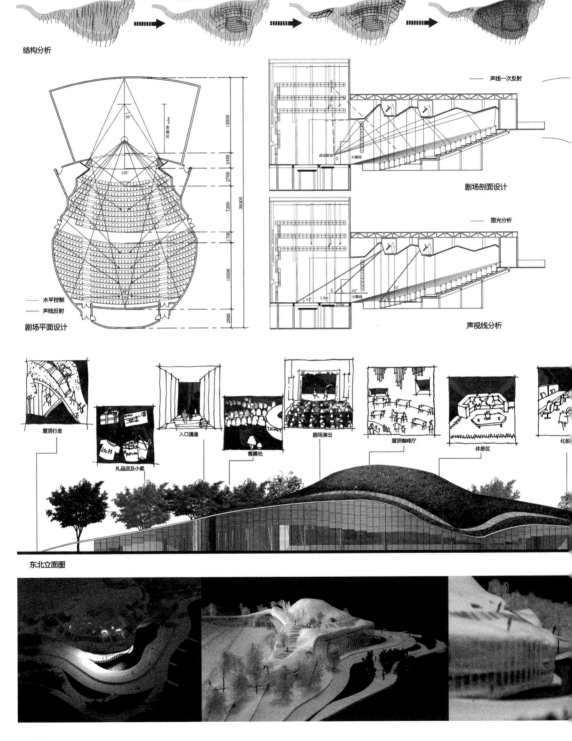

结构分析

建筑内部覆盖着均匀的柱网。

剧场观众厅采用桁架结构，主舞台及侧台采用梁柱受力体系的框架结构。

辅助用房空间采用框架结构，两个结构相接处采用双柱。

大跨度空间采用网架结构，以适应屋顶的起伏变化，底层柱网向上延伸至网架底部。

剧场平面设计

水平控制
声线反射

剧场剖面设计

声线一次反射

声视线分析

面光分析

屋顶行走

礼品店及小卖

入口通道

售票处

剧场演出

屋顶咖啡厅

休息区

化妆

东北立面图

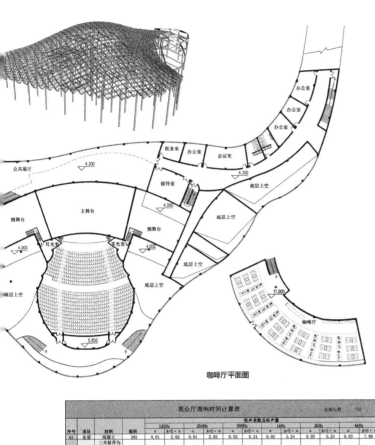

咖啡厅平面图

观众厅混响时间计算表												总席位数	752	
				吸声系数及吸声量										
				125Hz		250Hz		500Hz		1kHz		2kHz		4kHz
序号	项目	材料	面积	α	A=S·α	α	A=S·α	α	A=S·α	α	A=S·α	α	A=S·α	α A=S·α
A1	天棚	混凝土	262	0.01	2.62	0.01	2.62	0.02	5.24	0.02	5.24	0.02	5.24	0.03 7.86
A2	墙面1	三夹板厚为5cm空气层	294.3	0.597	175.6971	0.382	112.4226	0.181	53.2683	0.05	14.715	0.041	12.0663	0.082 24.1326
A3	墙面2	乳胶漆面墙	257.5	0.04	10.3	0.04	10.3	0.07	18.025	0.09	23.175	0.05	12.875
A4	墙面3	挂友墙围	226.8	0.024	5.4432	0.027	6.1236	0.03	6.804	0.037	8.3916	0.036	8.1648	0.034 7.7112
A5	地糟	预制水磨砖	694	0.12	83.28	0.1	69.4	0.08	55.52	0.05	34.7	0.05	34.7	0.05 34.7
A6	面光、耳光、舞台口	钢口	154	0.16	24.64	0.2	30.8	0.3	46.2	0.35	53.9	0.39	60.06	0.31 47.74
A7	门口口	纹城客	13.2	0.06	0.792	0.27	3.564	0.44	5.808	0.5	6.6	0.4	5.29	0.35 4.62
B	座椅	752人(满场)	188	0.27 (A值)	203.04 (7743A)	0.43 (A值)	323.36 (7743A)	0.49 (A值)	360.48 (7743A)	0.48 (A值)	360.96 (7743A)	0.51 (A值)	383.52 (7743A)	0.54 406.08 (A值)(7743A)
		752座(空场)	188	0.18 (A值)	135.36 (7743A)	0.34 (A值)	255.68 (7743A)	0.37 (A值)	285.76 (7743A)	0.37 (A值)	278.24 (7743A)	0.42 (A值)	315.84 (7743A)	0.52 391.04 (A值)(7743A)
C1	满场	求和 Σ	2089.8		506.8123		558.5902		559.3453		490.6866		532.2061	545.718
C2	空场	求和 Σ	2089.8		438.1323		490.9102		476.6253		407.9666		464.5261	530.6788

六个倍频带的混响时间计算										
					倍频带计算					
序号	V	ΣS	项目	125Hz	250Hz	500Hz	1kHz	2kHz	4kHz	
1			Σs·α 满场	506.8123	558.5902	559.3453	490.6866	532.2061	545.7188	
			空场	438.1323	490.9102	476.6253	407.9666	464.5261	530.6788	
2			α 满场	0.242	0.267	0.268	0.235	0.255	0.261	
			空场	0.210	0.235	0.228	0.195	0.222	0.254	
3			-ln(1-ā) 满场	0.277	0.311	0.312	0.268	0.294	0.303	
			空场	0.235	0.288	0.259	0.217	0.251	0.293	
4	4878	2089.8	4mV					48.78	117.072	
5			T60 满场	1.36	1.21	1.21	1.40	1.18	1.05	
			空场	1.60	1.40	1.45	1.73	1.37	1.08	

混响时间计算

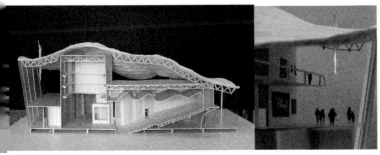

图 4-8（c）

作业题目：行走间——剧场设计，

学生：李雪、吴加愈，

指导教师：王新征、王又佳

作业 8：有痕·无尽——莲石湖公园剧场建筑设计

设计灵感来源于湖边冰裂的花纹，以此作为建筑形态的母题。结合基地内部的高差起伏，将基地内原有的自行车道延伸至建筑屋顶，可用于自行车、轮滑等极限运动，以吸引更多人流，弥补剧场平时利用率低的缺点。"有痕·无尽"指

的是在设计手法上从场地到建筑形态再到室内的地面、墙面均采用了面之折叠的
手法，使得建筑与场地、室内与室外空间自然交融，无边无尽，同时室内折线还
考虑到了声学反射的要求。

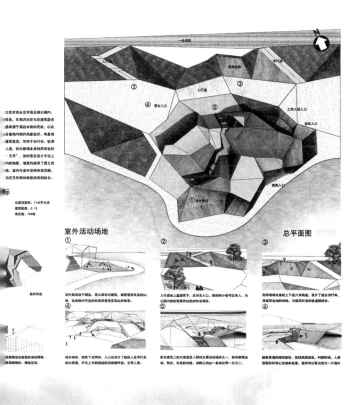

图 4-9（a）
作业题目：有痕·无尽——莲石湖公园
剧场建筑设计，
学生：张珣、付北平，
指导教师：林文洁、青山周平

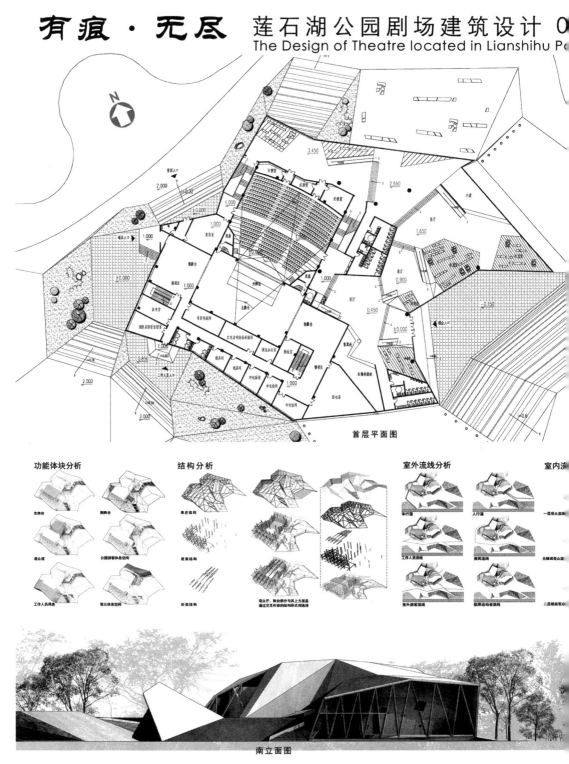

图 4-9（b）

作业题目：有痕·无尽——莲石湖公园剧场建筑设计，学生：张珣、付北平，指导教师：林文洁、青山周平

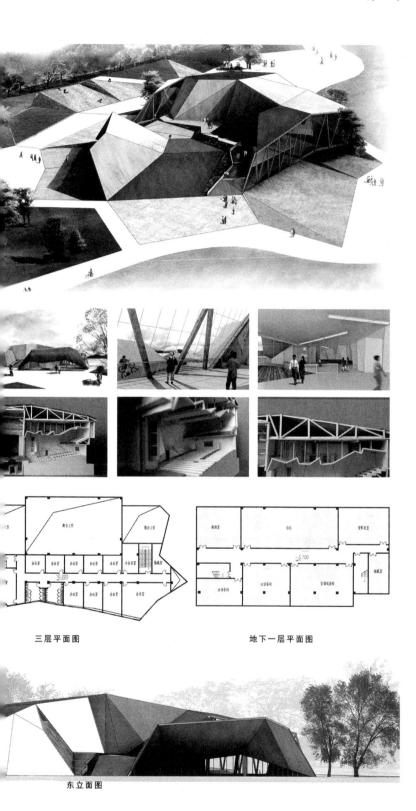

三层平面图　　　　　　　　　　地下一层平面图

东立面图

有痕·无尽 莲石湖公园剧场建筑设计
The Design of Theatre located in Lianshihu

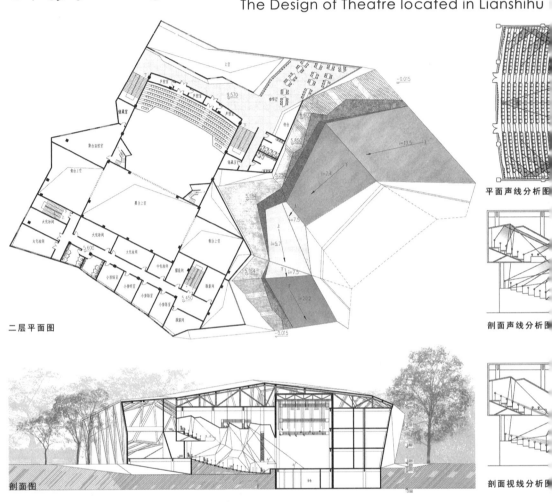

二层平面图

平面声线分析图

剖面声线分析图

剖面视线分析图

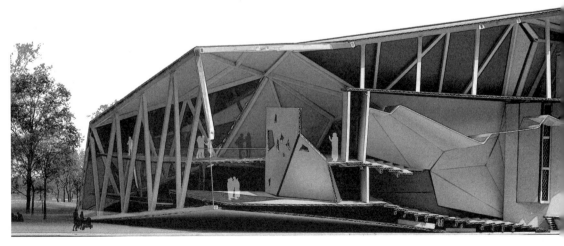

剖面图

图4-9（c）

作业题目：有痕·无尽——莲石湖公园剧场建筑设计，学生：张珣、付北平，指导教师：林文洁、青山周平

毛地毯
三夹板（白漆）
乳胶漆墙面
抹灰墙面
预制水泥板
丝绒幕
布质座面

六个倍频带的混响时间计算

序号	V	ΣS	项目		倍频带计算					
					125Hz	250Hz	500Hz	1kHz	2kHz	4kHz
1			$\Sigma S \cdot \bar{a}$	满场	502.58	569.87	597.06	539.14	593.04	598.86
				空场	434.27	501.56	513.57	455.65	524.73	583.68
2			$\bar{a}$	满场	0.232	0.263	0.275	0.248	0.273	0.276
				空场	0.200	0.231	0.237	0.210	0.242	0.269
3			$-\ln(1-\bar{a})$	满场	0.263	0.305	0.322	0.286	0.319	0.323
				空场	0.223	0.263	0.270	0.236	0.277	0.313
4	6000	2170	4mV	满场					60	144
5			T_{60} (s)	满场	1.69	1.46	1.38	1.56	1.28	1.14
				空场	1.99	1.69	1.65	1.89	1.46	1.17

观众厅混响时间计算表

总座位数 759

序号	项目	材料	面积	吸声系数及吸声量											
				125Hz		250Hz		500Hz		1kHz		2kHz		4kHz	
				α	A=S·α	α	A=S·α	α	A=S·α	α	A=S·α	α	A=S·α	α	A=S·α
A1	走道	毛地毯	100	0.1	10	0.1	10	0.2	20	0.25	25	0.3	30	0.35	35
A2	墙面1	三夹板厚为5cm空气层	250	0.597	149.25	0.382	95.5	0.181	45.25	0.05	12.5	0.041	10.25	0.082	20.5
A3	墙面2	乳胶漆墙面	330	0.04	13.2	0.04	13.2	0.07	23.1	0.024	7.92	0.09	29.7	0.05	16.5
A4	墙面3	抹灰墙面	200	0.024	4.8	0.027	5.4	0.03	6	0.037	7.4	0.036	7.2	0.034	6.8
A5	顶棚	预制水泥板	700	0.12	84	0.1	70	0.08	56	0.05	35	0.05	35	0.05	35
A6	洞口	面光、耳光、舞台口	220	0.16	35.2	0.2	44	0.3	66	0.35	77	0.39	85.8	0.31	68.2
A7	门洞口	丝绒幕	20	0.06	1.2	0.27	5.4	0.44	8.8	0.5	10	0.4	8	0.35	7
B	观众	800人（满场）	350	0.27（A值）	204.93（800XA）	0.43（A值）	326.37（800XA）	0.49（A值）	371.91（800XA）	0.48（A值）	364.32（800XA）	0.51（A值）	387.09（800XA）	0.54（A值）	409.86（800XA）
	座椅	800座（空场）	350	0.18（A值）	136.62（800XA）	0.34（A值）	258.06（800XA）	0.38（A值）	288.42（800XA）	0.37（A值）	280.83（800XA）	0.42（A值）	318.78（800XA）	0.52（A值）	394.68（800XA）
C1	满场	求和Σ	2170		502.58		569.87		597.06		539.14		593.04		598.86
C2	空场	求和Σ	2170		434.27		501.56		513.57		455.65		524.73		583.68

过程模型

作业 9：渡——莲石湖公园剧场建筑设计

该方案力图实现建筑与水景相融合，并有一定的逻辑关系。水边平台与建筑屋顶以迂回曲折的坡道相连，如岸边渡口般延伸至水面，从水上望去建筑形态亦如即将远航的渡轮。为凸显观众厅及舞台空间的重要性，建筑形体采用三维围合

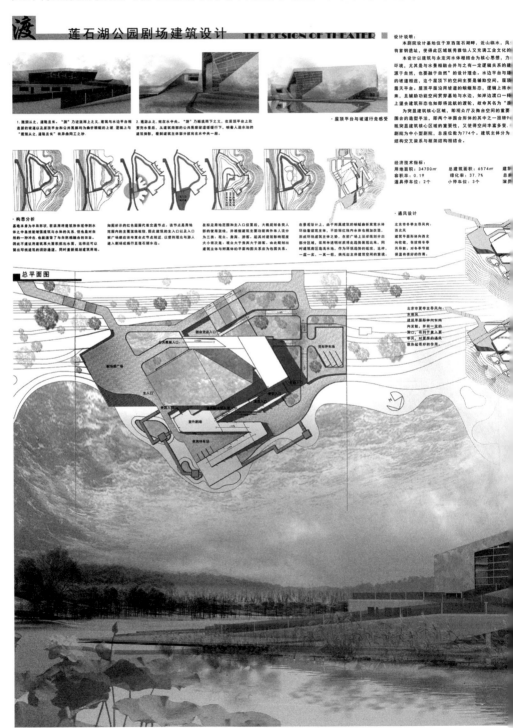

的造型手法，即两个半围合形体扭转 90° 后再围合。这样既凸显了建筑核心区域的重要性，又使得空间丰富多变。合理的室内材料选择和定量的混响计算使方案的技术设计得以拓展和深化。

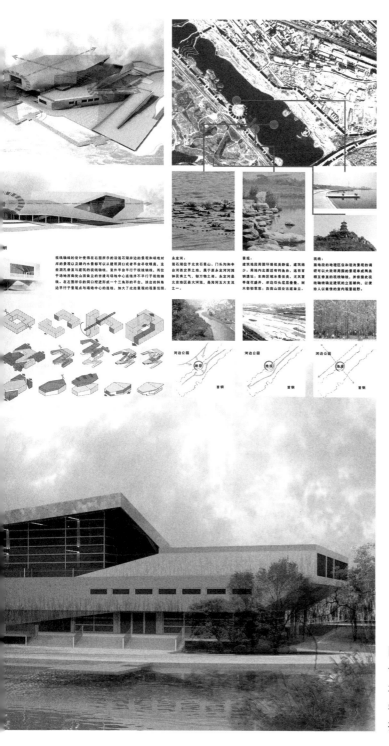

图 4-10（a）
作业题目：渡——莲石湖公园剧场建筑设计，
学生：王志新、姜帅，
指导教师：马欣、杨瑞

莲石湖公园剧场建筑设计　THE DESIGN OF THEATER

· 功能分区

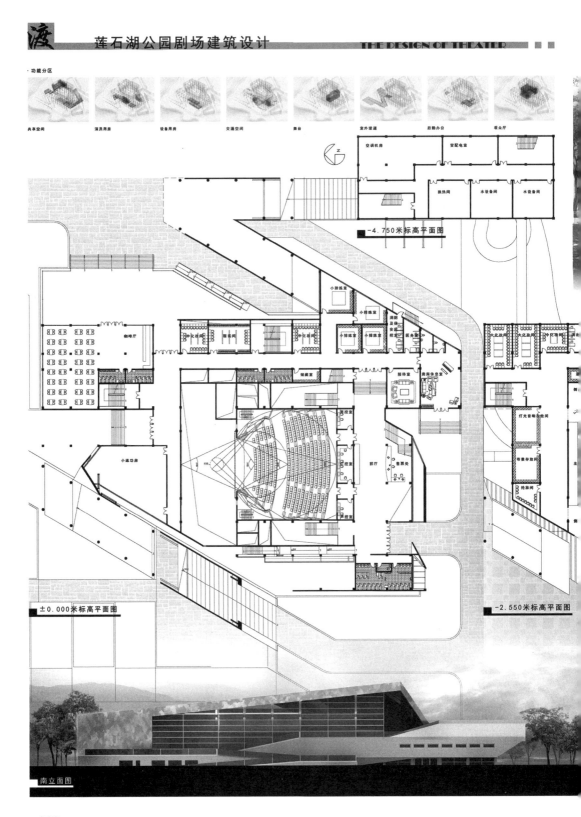

共享空间　演具用房　设备用房　交通空间　舞台　室外坡道　后勤办公　观众厅

-4.750米标高平面图

±0.000米标高平面图

-2.550米标高平面图

南立面图

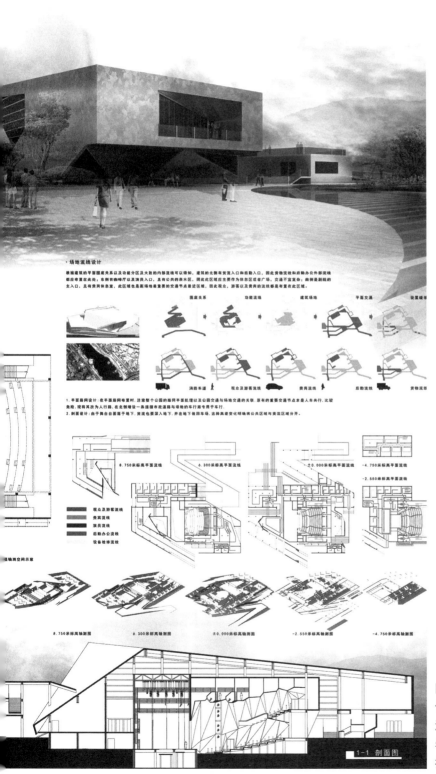

·场地流线设计

根据建筑的平面图层关系以及功能分区及大致的内部流线可以得知，建筑的北侧有货流入口和后勤入口，因此货物流线和后勤办公外部流线都应考置在此处，东侧有咖啡厅以及演员入口，且有公共的亲水区，因此此区域应主要作为休息区或者广场，交通不宜复杂；南侧是剧院的主入口，且有贵宾休息室，此区域也是剧场地最重要的交通节点是最近区域，因此，游客以及贵宾的流线都应考置在此区域。

1. 平面路网设计：在平面路网布置时，连接整个公园的路网平面机理以及公园交通与公园地交通的关联。原有的重要交通节点本身人车共行，比较急险，现解其改为人行路，在北侧增设一条连接市政道路与场地的车行路，专用于车行。

2. 剖面设计：由于舞台台面落于地下，货流也要深入地下，并在地下做园车场，这种高差变化明确将公共区域与货流区域分开。

8.750米标高平面流线　6.300米标高平面流线　±0.000米标高平面流线　-4.750米标高平面流线　-2.550米标高平面流线

观众及游客流线
贵宾流线
演员办公流线
后勤办公流线
设备检修流线

8.750米标高轴测图　6.300米标高轴测图　±0.000米标高轴测图　-2.550米标高轴测图　-4.750米标高轴测图

1—1 剖面图

图 4-10（b）
作业题目：渡——莲石湖公园剧场建筑设计，学生：王志新、姜帅，指导教师：马欣、杨瑞

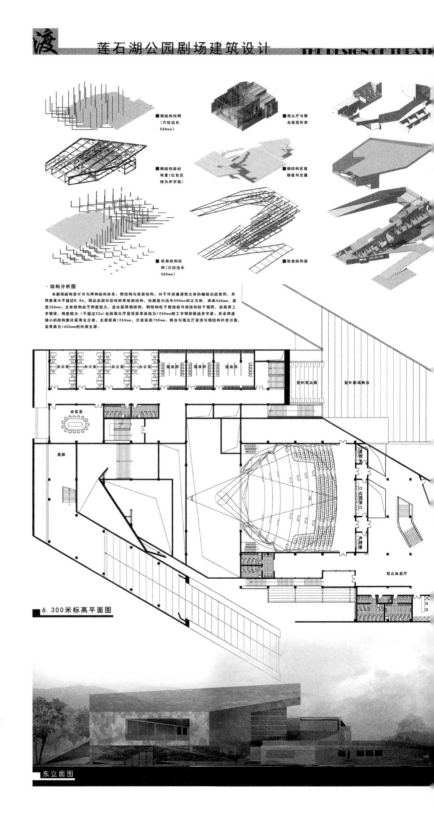

图 4-10 (c)

作业题目：渡——莲石湖公园剧场建筑设计，学生：王志新、姜帅，指导教师：马欣、杨瑞

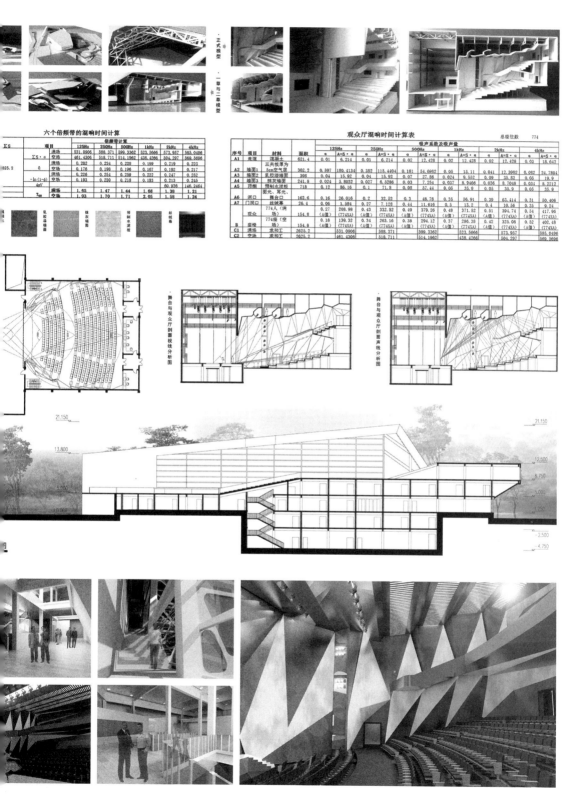

第5章 ┃ 基于绿色生态理念的设计

在人类生活在地球的数百万年里，环境变化大部分是与人类活动没有关系的。从工业革命以来，人类开始逐渐越来越多地向自然环境索取物质能量，同时，又向环境排放废弃物和无序能量。直至今日，我们已经逐步发现，这种人类与自然界进行的物质能量交换，已经到达或超越了自然环境允许的极限，人与自然的和谐平衡正在逐步被破坏。

在这样的大背景下，人们已经开始反思自身的行为和技术的发展。建筑行业同样越来越重视建筑与环境的关系，这种关系不仅仅包括建筑形式、语汇、建筑使用者的行为等，也包括了建筑的能源供给、能耗、排放等问题。简而言之，就是建筑设计要有可持续发展的理念，有些专家学者甚至把"可持续发展"标记为人类发展到如今时代的一个发展阶段。于是建筑业也出现了各种各样的与之相关的语汇，例如节能建筑、绿色建筑、生态建筑、可持续建筑、低碳建筑等。这些不同的语汇实际上与表达的根本意义并无太大的区别，其目标也相似，只是各自的侧重点有所差异，有的侧重于建筑技术本身，有的侧重于设计理念，有的侧重于建筑建造使用能量时的排放等。因此，全球各国都制定了各种各样的标准和规范。例如，美国 LEED 标准、英国 BREEAM 标准、德国 DGNB 标准、澳洲 Green Star 标准、我国的《绿色建筑评价标准》等；还有与建筑节能相关的《公共建筑节能标准》《居住建筑节能标准》等。然而，对于建筑设计而言，无论标准如何，首要的是这些标准和规范背后的目标和原理，所以，建筑师要做到的是理念上建立绿色生态的观念并贯彻在工作的始终，同时随科技发展不断更新技术并选择适宜的技术进行设计。

学校培养的准建筑师在走向工作岗位之前，学会基于绿色生态理念进行建筑设计是建筑教育中不可缺少的一环。绿色生态理念的范畴比较宽泛，理论讲解是比较容易的，但是很难通过一门或几门课程帮助学生建立起来并主动应用于设计。在培养学生的过程中，将理论与实践相结合、知识与设计相结合、观念与方法相结合，可以起到教育事半功倍的作用。理论授课将观念理论传授给学生，帮助学生建立知识框架。在设计训练的过程中，将绿色生态设计的具体范畴和方法进行分解，使其设计侧重于某一个方面，帮助学生掌握实现路径。这种从宏观到微观的方法是教学的重要途径，学生在设计训练基础上通过自己的思考，可以从微观到宏观，真正建立生态绿色的设计理念。

建筑的绿色生态理念的设计内容主要包括建筑的节能设计、被动式太阳能利用、主动式太阳能利用、自然通风应用及设计、自然采光应用及设计和新技术新材料应用等。从技术的运用历史来看，主要可以分为传统技术和新技术。其中，传统技术主要是源于地方材料、传统建筑的气候适应性设计等；新技术主要是近年来发展的新型材料或是高技术措施。从传统民居和地方特色建筑中可以提炼出若干传统绿色生态技术，例如烟囱效应带来的自然通风、坡屋顶形成的遮阳、厚重土坯墙的良好保温隔热效果等。随着科技的发展，新材料、新技术带来了新的绿色生态技术，例如太阳能光伏、玻璃幕墙的保温隔热技术、相变蓄热材料等。在学生的设计实践中，由于新技术从一定程度上带来了建筑形式的新颖和造型的独特，所以，很容易被学生们青睐。反之，传统技术由于受其形式的制约性往往容易被学生忽略。同时，由于新技术的应用实际包含了一定的专业分工，例如光伏利用设计，除了光电玻璃的利用之外，还有一系列相关配套设备需要专业人员设计，学生有时只在概念上描述就认为很好地利用了绿色生态技术。因此，在基于绿色生态理念的设计课题中，要注意避免技术流于形式，这主要体现在两个方面：其一是要鼓励学生采用传统技术，在理解传统技术原理的基础上，强调新的形式也能利用的传统技术，建筑设计要满足传统技术的实现；其二是对待新技术要理解整个技术体系，技术要真正结合设计而非仅是利用新技术的概念。

　　基于绿色生态理念的课题选择可以很自由，可以在不同的设计题目中植入，也可以根据学生不同年级阶段的知识掌握情况，分层分级设定。但是为了强化技术服务于设计的基本目标，可以在一个设计训练课题中将绿色生态技术作为一个重点进行实践。强化目标的设计在培养过程中利于学生掌握知识的扎实和深化拓展设计能力的培养。

作业 1：围院——太阳能养老院设计

方案以"院中院"的平面布局形式为核心，适应泉州的地域风格。方案细节充分考虑老年人的活动特征。建筑的形式和技术有机结合，充分利用屋顶形式控制自然采光，利用传统技术实现自然通风，合理使用了太阳能主动技术，并在设计表达中对节能设计和整个技术体系进行了详细表达。该方案在 2017 年台达杯国际太阳能建筑设计竞赛中获奖。

围院——太阳能养老院设计 1

设计说明
Design Specification

　　方案的灵感源于泉州地区常见的三合院民居的形式，整体是一个大院子，在院子中又有若干个小院子，形成院中有院的整体平面布局。屋顶的形式源于泉州传统民居高高翘起的飞燕脊形象，从各个角度看，屋顶层层叠叠错落有致，使人联想到泉州著名的古老的建筑。在太阳能技术的使用上，充分利用太阳能被动技术，使得室内采光充足，夏季通风顺畅，辅助以太阳能主动技术，通过在屋顶上的太阳能光伏瓦将太阳能转化利用。以解决泉州地区冬季阴冷潮湿，夏季炎热的问题。

　　The inspiration of this plans stems from the living style of triple-house courtyard commonly seen in Beijing area. Generally, it is a lager court-yard with several small yards among it, which forms the overall plane layout of yard within yard. The form of rooftop derives from the image of Quanzhou traditional flying s wallow ridge. The roofs of the houses overlap and form a patchwork pattern which reminds people of the ancient archi-tecture. By adopting solar energy technology, the house enjoys a good daylighting and comfortable ventilation in summer, which has solved the pro-blems of sullenwinter and hot summer. Besides, with the aid of solar energy auto-technology, the solar energy can be transferred through the solar photovoltaic tiles.

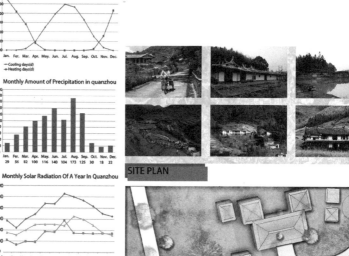

SITE PLAN

图 5-1（a）
作业题目：围院——太阳能养老院设计，学生：李倩芸、贾兆元、李磊、郭梦铭、凌艺、薛冰琳，
指导教师：马欣、赵春喜

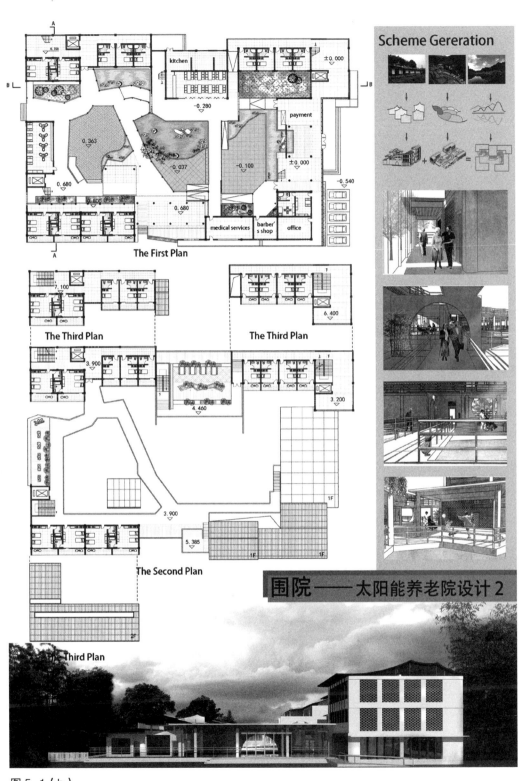

图 5-1（b）
作业题目：围院——太阳能养老院设计，学生：李倩芸、贾兆元、李磊、郭梦铭、凌艺、薛冰琳，
指导教师：马欣、赵春喜

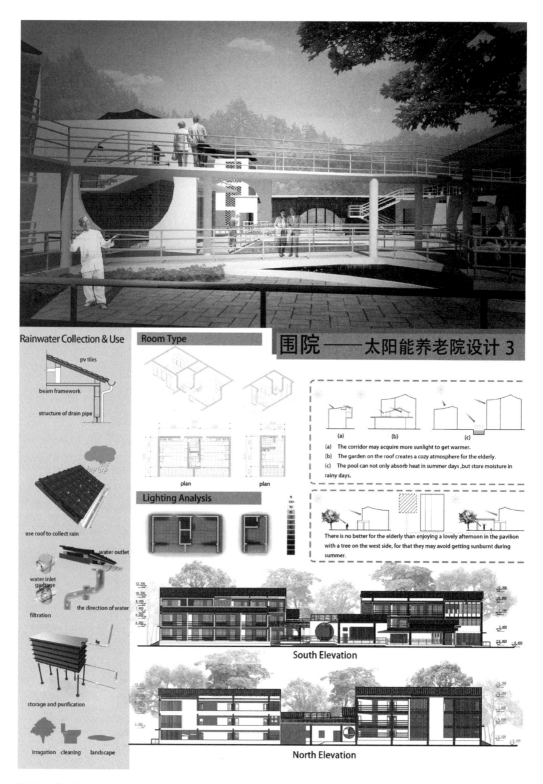

图 5-1（c）
作业题目：围院——太阳能养老院设计，学生：李倩芸、贾兆元、李磊、郭梦铭、凌艺、薛冰琳，
指导教师：马欣、赵春喜

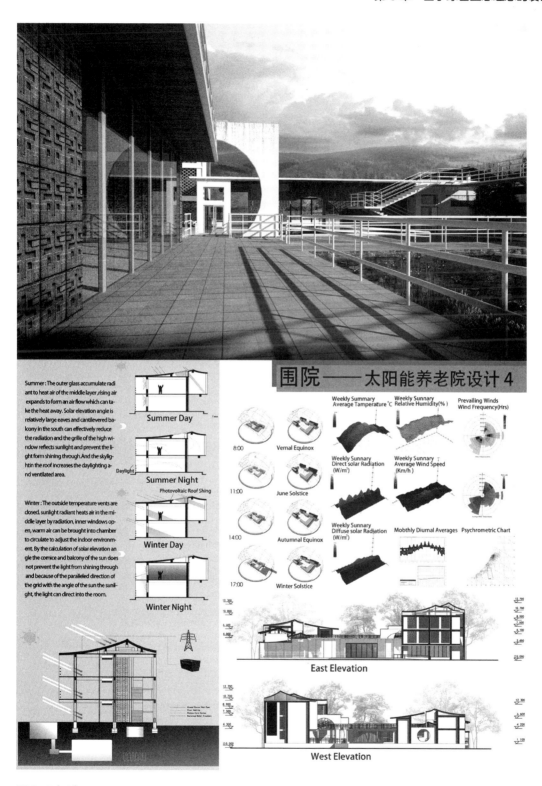

图 5-1（d）
作业题目：围院——太阳能养老院设计，学生：李倩芸、贾兆元、李磊、郭梦铭、凌艺、薛冰琳，
指导教师：马欣、赵春喜

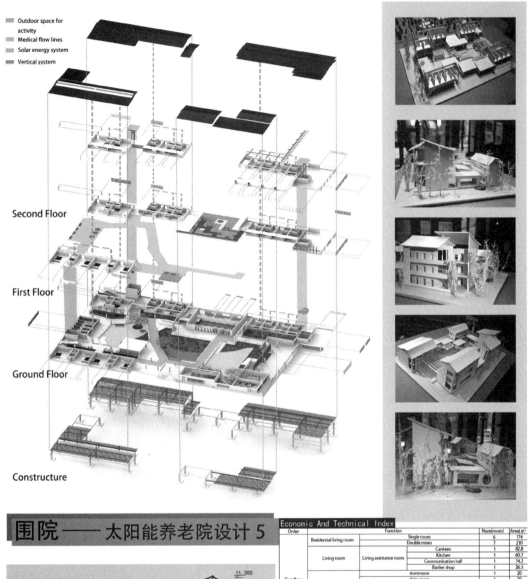

Outdoor space for activity
Medical flow lines
Solar energy system
Vertical system

Second Floor

First Floor

Ground Floor

Constructure

围院——太阳能养老院设计 5

A-A Section

B-B Section

Economic And Technical Index					
Order	Function			Num(room)	Area(㎡)
First floor	Residential living room		Single room	6	174
			Double room	7	210
	Living room	Living assistance room	Canteen	1	82.8
			Kitchen	1	60.7
			Communication hall	1	74.3
			Barber shop	1	26.5
	Management service room		storeroom	1	20
			duty room	1	20
			Reception room	1	140
			Office	1	37.5
			Staff rest room	1	19.8
			Staff living room	1	22
	Health care room		Treatment room	1	52
	Public activity area	Acivity room	Room for recreation, chess and cards	1	67.3
			Traffic area		800
Second floor	Residential living room		Single room	7	203
			Double room	6	234
	Public activity area		Traffic area		590
Third floor	Residential living room		Single room	3	72
			Double room	2	58
	Public activity area		Traffic area		190

图 5-1（e）

作业题目：围院——太阳能养老院设计，学生：李倩芸、贾兆元、李磊、郭梦铭、凌艺、薛冰琳，
指导教师：马欣、赵春喜

图 5-1（f）

作业题目：围院——太阳能养老院设计，学生：李倩芸、贾兆元、李磊、郭梦铭、凌艺、薛冰琳，

指导教师：马欣、赵春喜

作业 2：晖园——太阳能养老院设计

该方案通过建筑的围护形成院落，同时各个建筑单体和连接单体的廊道起到了导风的效果，也有效避免了主要空间的西晒问题。利用屋顶挑檐进行遮阳，同时扩大了屋顶太阳能光伏电池的铺装面积。方案还应用了太阳能烟囱和特朗伯墙。方案的设计紧密结合各种绿色技术。

图 5-2（a）
作业题目：晖园——太阳能养老院设计，学生：陆义鑫、张珺洁、罗小敏、蒙宁宁、琚京蒙，
指导教师：马欣、赵春喜

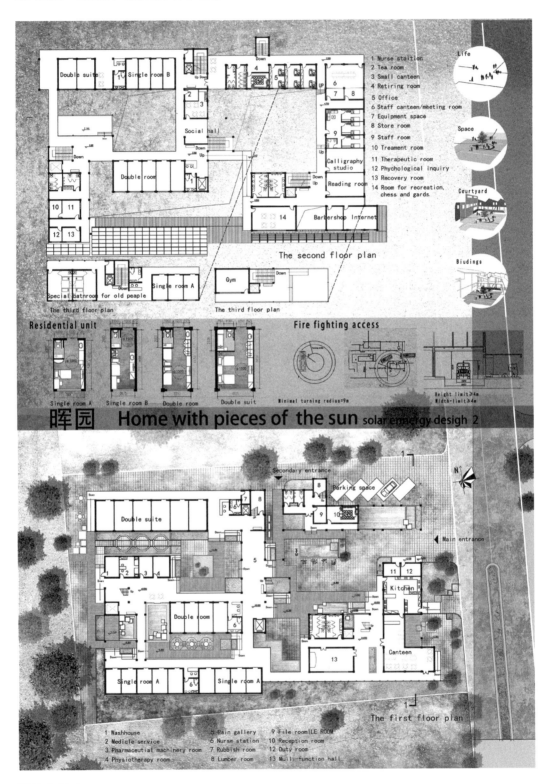

图 5-2（b）

作业题目：晖园——太阳能养老院设计，学生：陆义鑫、张珺洁、罗小敏、蒙宁宁、琚京蒙，

指导教师：马欣、赵春喜

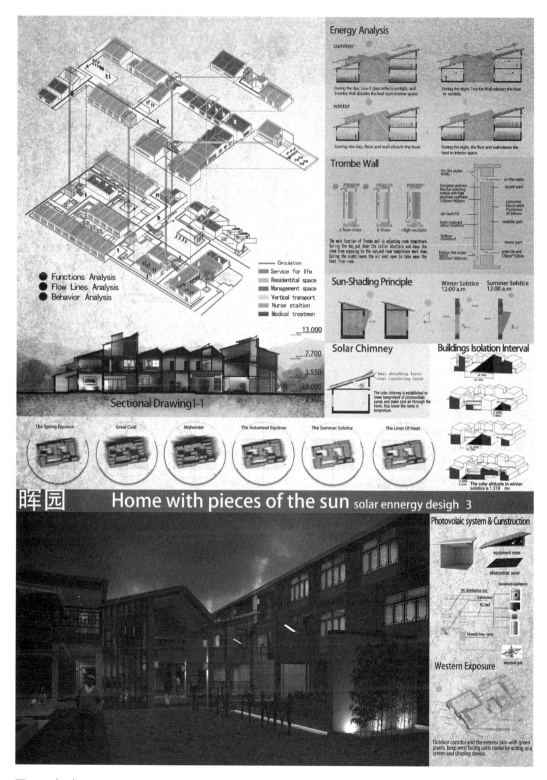

图 5-2（c）

作业题目：晖园——太阳能养老院设计，学生：陆义鑫、张珺洁、罗小敏、蒙宁宁、琚京蒙，
指导教师：马欣、赵春喜

图 5-2（d）
作业题目：晖园——太阳能养老院设计，学生：陆义鑫、张珺洁、罗小敏、蒙宁宁、琚京蒙，
指导教师：马欣、赵春喜

作业 3：星外·山前——暗夜公园星空驿站

　　该方案顺应地形地势，架空的方式解决了基地位于山谷原有的排水问题。建筑单元体的形式简洁，布局实现了最佳的自然采光，以最佳的服务半径选取公共性空间的位置，使整个功能流线与山地景观融为一体。方案应用了被动式太阳能技术，建筑的形式和绿色生态技术紧密结合，还在此基础上进行了碳排放的计算，拓展了技术层面的设计深度。

星外·山前

Outside Galaxy · Within mountains

01

本项目地处河北省兴隆县的一处自然山地中，设计从解决地势因素入手。将星空驿站的客房单元依附山势有序分布于山体两侧较高，公共空间分布于中间较低的位置。保证公共空间与客房单元动静分区的同时实现了最佳的自然采光，以架空的手法解决低地势洪涝危险的问题。南、北两侧共分布有5种户型，协调了山地的交通流线，为不同类型的旅客提供了住宿服务。

This project is located in a natural mountain area in Xinglong County, Hebei Province. The guest room units of Star-sky Post Station are orderly distributed on both sides of the mountains. And in the lower middle of the mountains is the public space. This condition ensures the dynamic and static zoning of public space and guest room units and achieves the best natural lighting at the same time.The problem of flooding in low terrain is solved by overhead method. There are five types of accommodation units on both sides of the South and north, which coordinate the traffic flow in mountain areas and provide accommodation services for different types of passengers.

Site Plan

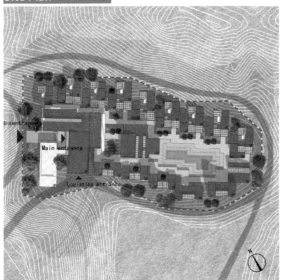

Economic and Technical Index

	Function		Num (room)	Area (㎡)
Residential living room	single room		6	21.2
	Twin room		12	49.6
	Double Room		5	24.3
	Double suite		2	106.8
management services room	Office		2	40.8
	Staff room		8	96.1
	Fire control room		1	25.7
	Installation		1	98.5
	Laundry		1	15.2
	Linen room		1	17.1
	Manager's office		1	16.4
	Backward Waste		1	12.1
living room	living assistance room	Dining room	1	100.5
		kitchen	1	126.7
		Bar	1	59.3
Public area	Hotel Lounge		1	12.6
	Reception		1	50.7
	Reception room		1	35.1
	Toilet		3	30.2
	Multifunction room		1	100.6
	Tea room		1	76.1
	Shop		1	10.6
	Reading room		2	20.8
	Gymnasium		1	48.4

Geographic Position

Site & Climate Analysis

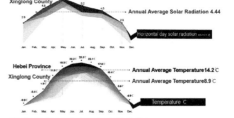

The project is located in the dark night park of anyingzhai village, liudaohe town, xinglong county, chengde city, hebei province. Xinglong county is a semi - humid temperate continental monsoon climate. It has four seasons. The winter time is long and the summer time is short.

Xinglong County
Annual Average Solar Radiation 4.44
Horizontal day solar radiation

Hebei Province
Xinglong County
Annual Average Temperature14.2℃
Annual Average Temperature8.9℃
Temperature ℃

Space Composition

Traditinal Courtyard　　Diverse courtyard combination　　Public space　　Residential space

Inspirition by courtyard

Mountain Topographic Processing

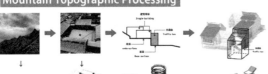

The units are arranged in a form that simulates the twists and turns of the mountain range, forming a cluster in the middle of the site.

The courtyard is based on the siheyuan form of ancient Chinese architecture, and exists in the site along with the mountain.

The traffic and the traffic box where the stairs are located are compared to springs to coordinate the mountain height difference.

The staircase exists in the traffic box, in the form of a restractable, spring-like device. In this way, all the units and groups are connected.

Hydrological analysis

Flow direction

Mountains and buildings coexist　　　　Grounding form

Point layout to reduce occlusion of the mountain.

Plate layout occludes mountain natural space.

Vertical drop layer　Split layer　Overhead form

The valley terrain　　The embedded type brings　　Overhead form to solve

图 5-3 (a)

作业题目:星外·山前——暗夜公园星空驿站，学生:贾兆元、李颖、刘佳雯、孔祥慧、何星辰、徐天阳、周畅、徐建立，指导教师:马欣

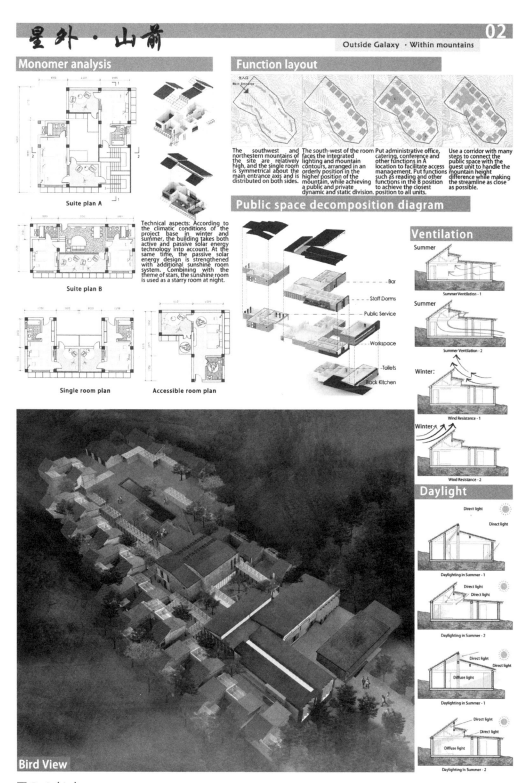

图 5-3（b）
作业题目:星外·山前——暗夜公园星空驿站,学生:贾兆元、李颖、刘佳雯、孔祥慧、何星辰、徐天阳、周畅、徐建立,指导教师:马欣

星外·山前

Outside Galaxy · Within mountains

03

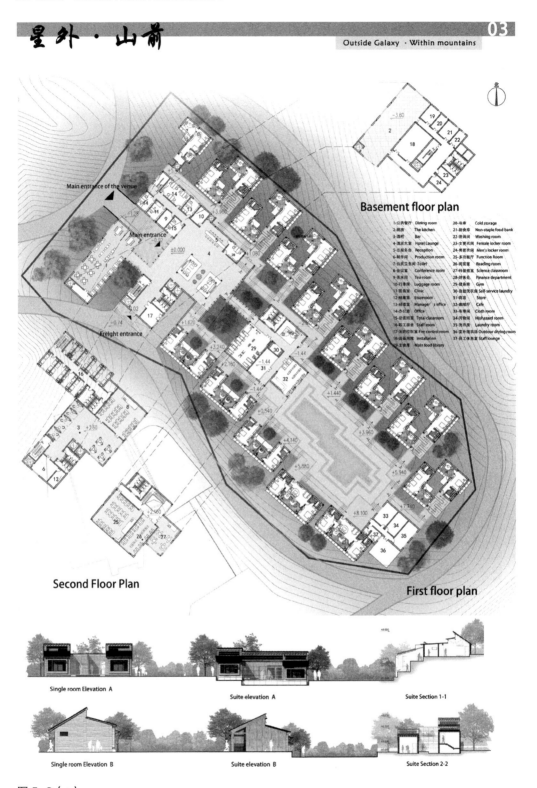

Second Floor Plan

First floor plan

Basement floor plan

1-公共餐厅 Dining room	20-冷库 Cold storage
2-厨房 The kitchen	21-副食库 Non-staple food bank
3-酒吧 Bar	22-洗消间 Washing room
4-酒店大堂 Hotel Lounge	23-女更衣间 Female locker room
5-服务台 Reception	24-男更衣间 Men's locker room
6-制作间 Production room	25-多功能厅 Function Room
7-公共卫生间 Toilet	26-阅览室 Reading room
8-会议室 Conference room	27-44科教室 Science classroom
9-茶水间 Tea room	28-财务处 Finance department
10-行李房 Luggage room	29-健身房 Gym
11-医务室 Clinic	30-自助洗衣房 Self-service laundry
12-储藏室 Storeroom	31-商店 Store
13-经理室 Manager's office	32-咖啡厅 Cafe
14-D-62室 Office	33-布草间 Cloth room
15-总监控室 Total classroom	34-河物间 Biohazard room
16-制作间室 Staff room	35-洗衣房 Laundry room
17-消防控制室 Fire control room	36-室外晾衣场 Outdoor drying room
18-设备用房 Installation	37-员工休息室 Staff lounge
19-主食库 Main food library	

Main entrance of the venue

Main entrance

Freight entrance

±0.000

Single room Elevation A

Suite elevation A

Suite Section 1-1

Single room Elevation B

Suite elevation B

Suite Section 2-2

图 5-3（c）

作业题目：星外·山前——暗夜公园星空驿站，学生：贾兆元、李颖、刘佳雯、孔祥慧、何星辰、徐天阳、周畅、徐建立，指导教师：马欣

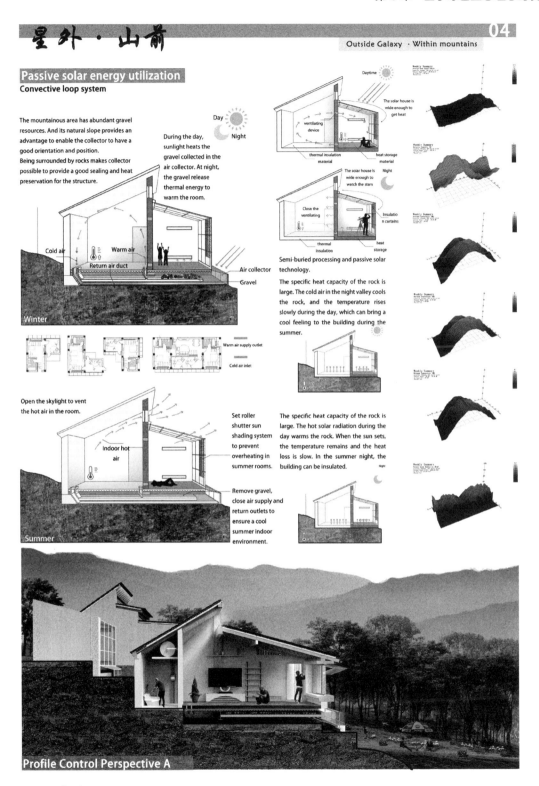

图 5-3（d）

作业题目：星外·山前——暗夜公园星空驿站，学生：贾兆元、李颖、刘佳雯、孔祥慧、何星辰、徐天阳、周畅、徐建立，指导教师：马欣

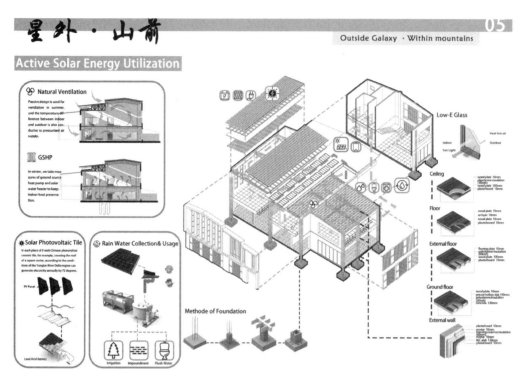

图 5-3（e）

作业题目：星外·山前——暗夜公园星空驿站，学生：贾兆元、李颖、刘佳雯、孔祥慧、何星辰、徐天阳、周畅、徐建立，指导教师：马欣

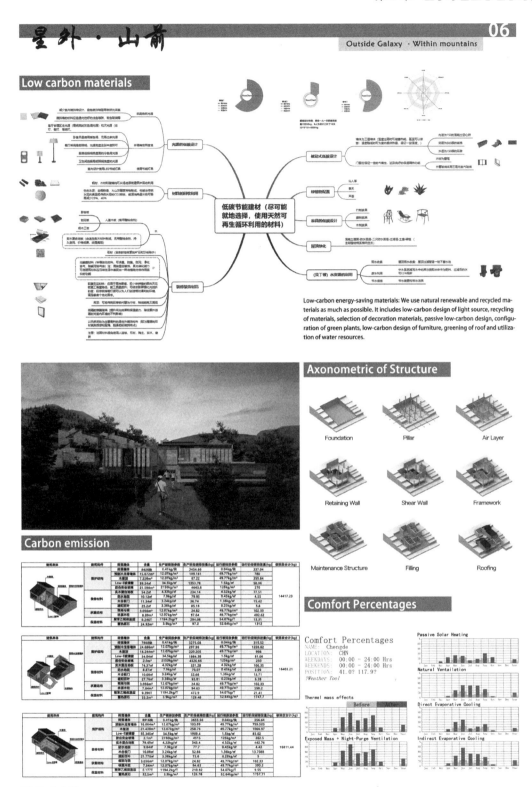

图 5-3（f）
作业题目：星外·山前——暗夜公园星空驿站，学生：贾兆元、李颖、刘佳雯、孔祥慧、何星辰、徐天阳、周畅、徐建立，指导教师：马欣

作业 4：云之彼端——福建南平阳光幼儿园设计

　　该方案在紧凑的场地内尽可能最大限度地提供活动场地，并将建筑屋顶也利用起来作为儿童活动空间。屋顶平台和楼梯的设计突出了灵活性，吸引儿童兴趣。在对场地、环境、技术分析的基础上，确定了结合南立面的设计对改善建筑节能最具价值，因此对立面材料和工况进行了深入设计，这是理性应用绿色技术的一个实践。

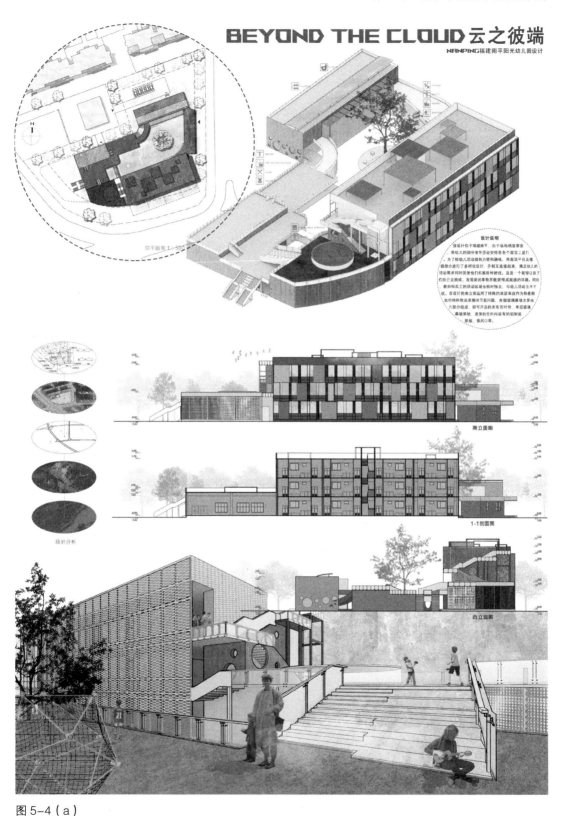

图 5-4（a）
作业题目：云之彼端——福建南平阳光幼儿园设计，学生：李源鑫、陈嘉卉，指导教师：马欣、张宏然

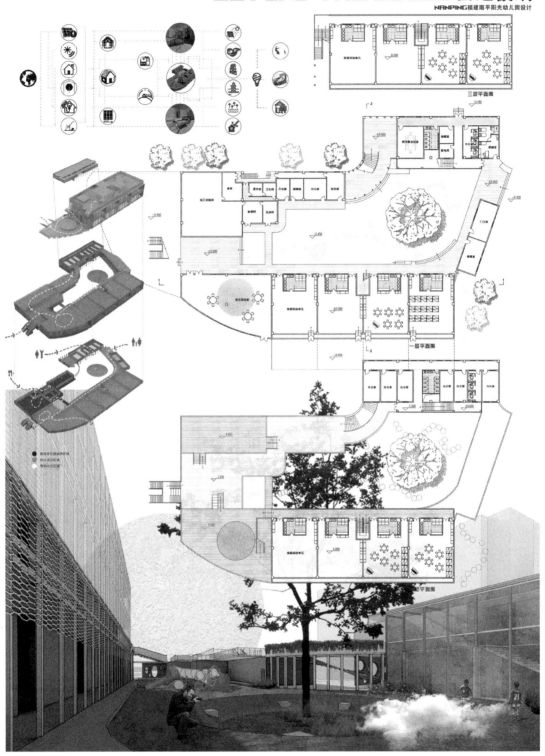

图 5-4（b）
作业题目：云之彼端——福建南平阳光幼儿园设计，学生：李源鑫、陈嘉卉，指导教师：马欣、张宏然

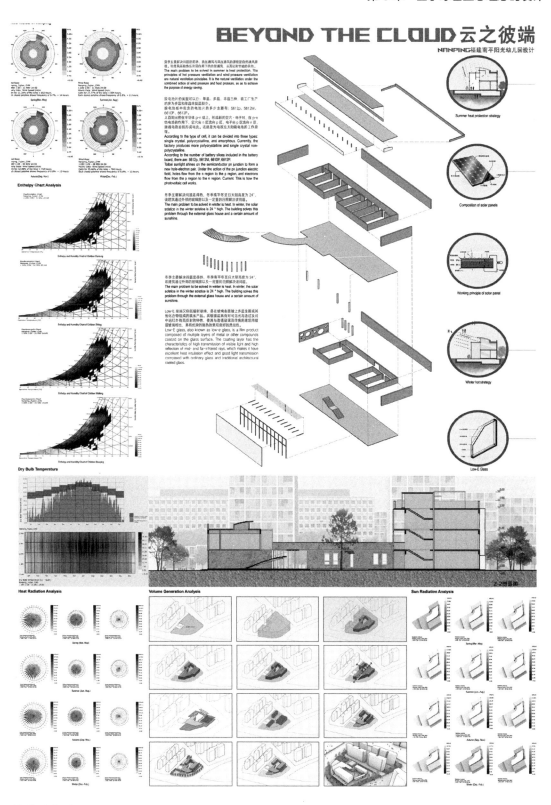

图 5-4（c）

作业题目：云之彼端——福建南平阳光幼儿园设计，学生：李源鑫、陈嘉卉，指导教师：马欣、张宏然

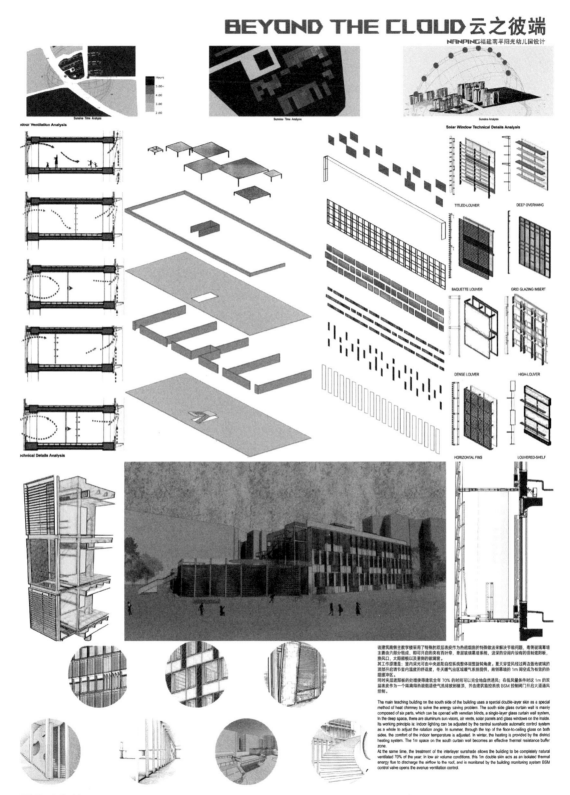

图 5-4（d）
作业题目：云之彼端——福建南平阳光幼儿园设计，学生：李源鑫、陈嘉卉，指导教师：马欣、张宏然

作业 5：天山·牧歌——牧区幼儿园及服务中心

该方案充分考虑到建筑的地域性特征，并创造性地将地域性建筑符号和绿色节能技术有机地统一起来，实现了方案艺术与技术的结合。方案从场地宏观层面、建筑中观层面到材料微观层面，应用适宜的技术实现了建筑的采光、通风、日照、节能等目标。该方案是一个基于绿色生态技术而深入拓展的建筑设计实例。

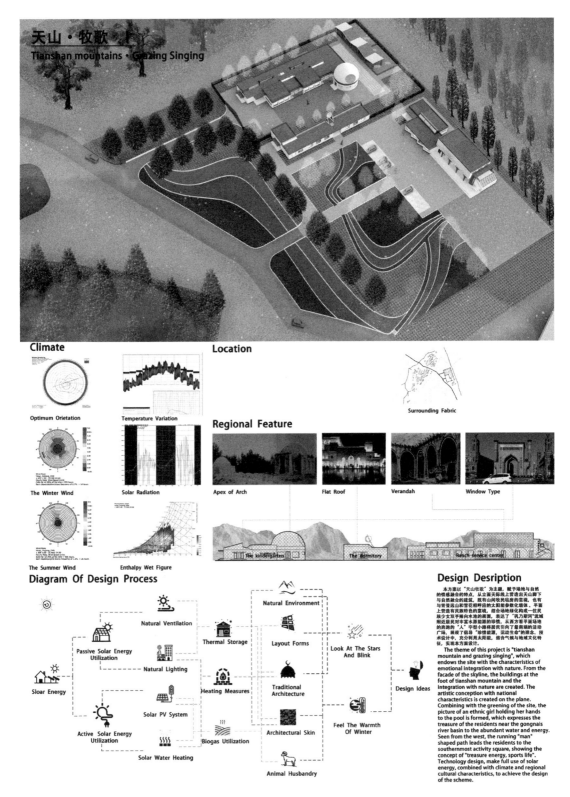

图 5-5（a）

作业题目：天山·牧歌——牧区幼儿园及服务中心，学生：郭佳琪，指导教师：马欣、张宏然

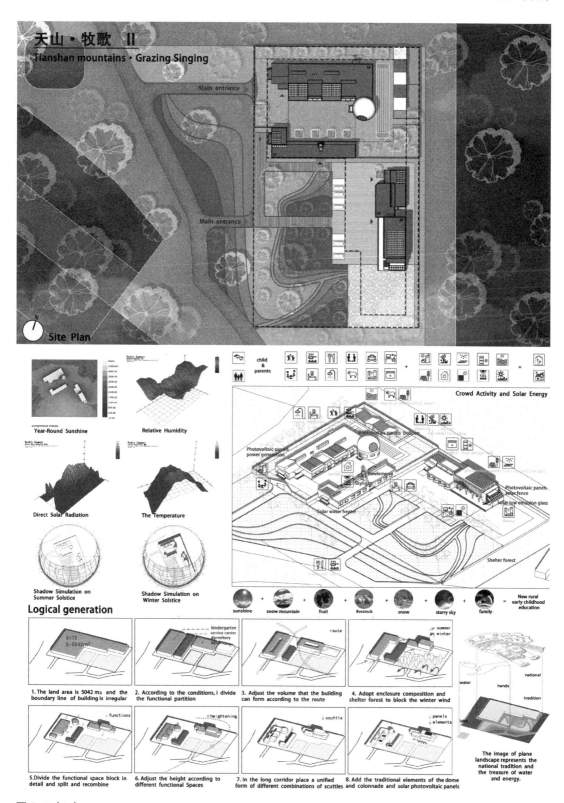

图 5-5（b）
作业题目：天山·牧歌——牧区幼儿园及服务中心，学生：郭佳琪，指导教师：马欣、张宏然

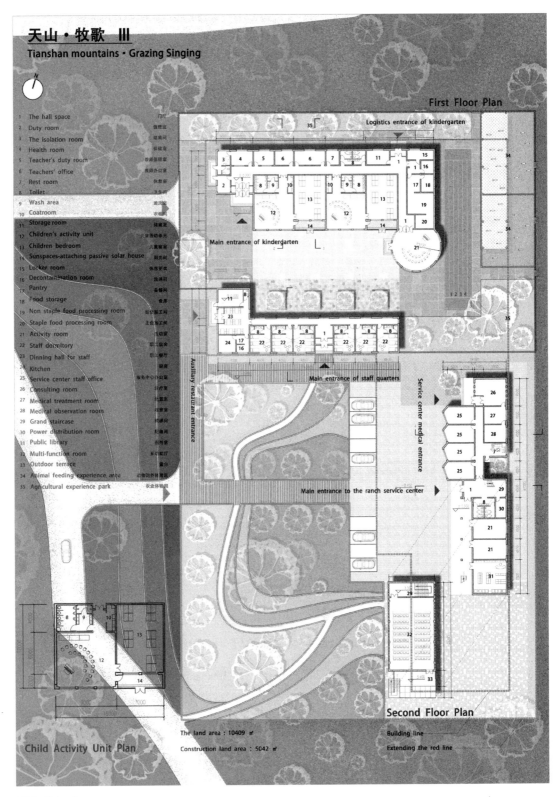

天山·牧歌 III
Tianshan mountains · Grazing Singing

First Floor Plan

1 The hall space 门厅
2 Duty room 值班室
3 The isolation room 隔离间
4 Health room 保健室
5 Teacher's duty room 教师值班室
6 Teachers' office 教师办公室
7 Rest room 休息室
8 Toilet 卫生间
9 Wash area 盥洗室
10 Coatroom 衣帽间
11 Storage room 储藏室
12 Children's activity unit 儿童活动单元
13 Children bedroom 儿童寝室
14 Sunspaces-attaching passive solar house 阳光间
15 Locker room 休息更衣
16 Decontamination room 洗消间
17 Pantry 备餐间
18 Food storage 食库
19 Non staple food processing room 烹饪加工间
20 Staple food processing room 主食加工间
21 Activity room 活动室
22 Staff dormitory 职工宿舍
23 Dinning hall for staff 职工餐厅
24 Kitchen 厨房
25 Service center staff office 服务中心办公室
26 Consulting room 诊疗室
27 Medical treatment room 处置室
28 Medical observation room 观察间
29 Grand staircase 疏散楼梯
30 Power distribution room 配电间
31 Public library 出阅览
32 Multi-function room 多功能厅
33 Outdoor terrace 露台
34 Animal feeding experience area 动物饲养体验区
35 Agricultural experience park 农业体验园

Logistics entrance of kindergarten

Main entrance of kindergarten

Main entrance of staff quarters

Service center medical entrance

Auxiliary restaurant entrance

Main entrance to the ranch service center

Second Floor Plan

Child Activity Unit Plan

The land area : 10409 ㎡
Construction land area : 5042 ㎡

Building line
Extending the red line

图 5-5（c）

作业题目：天山·牧歌——牧区幼儿园及服务中心，学生：郭佳琪，指导教师：马欣、张宏然

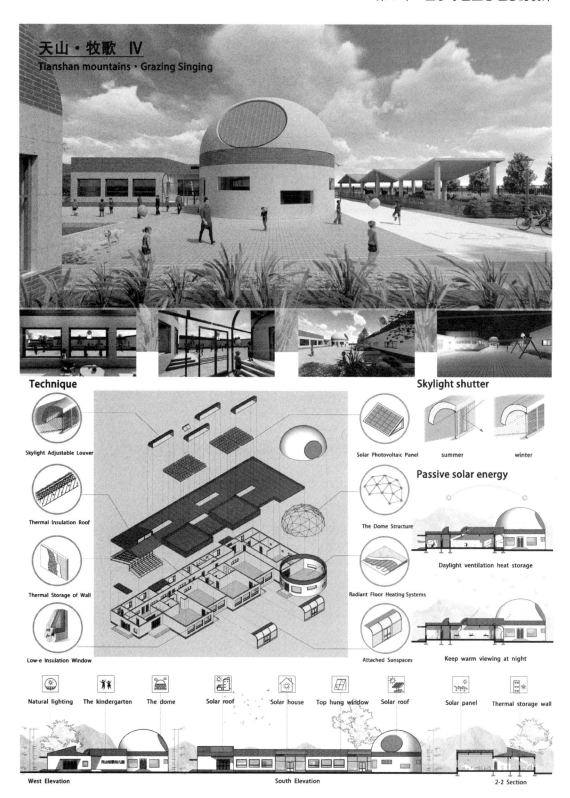

图 5-5（d）
作业题目：天山·牧歌——牧区幼儿园及服务中心，学生：郭佳琪，指导教师：马欣、张宏然

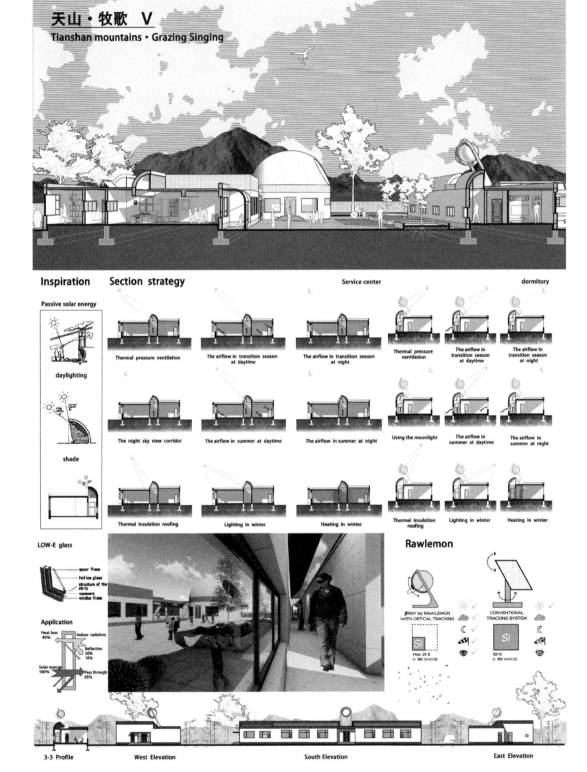

图 5-5（e）

作业题目：天山·牧歌——牧区幼儿园及服务中心，学生：郭佳琪，指导教师：马欣、张宏然

Solar curtain wall

Economic and technical norms

Plan the total land area	10409 ㎡
Planning construction land area	5042 ㎡
Overall floorage	1877.9 ㎡
Kindergarten construction area	860.4 ㎡
The building area of the dormitory	345.5 ㎡
Ranch service center floor area	672 ㎡
Plot ratio	0.18
Site coverage	33.43%
Greening rate	36.82%
Number of parking Spaces	9个

Structural technical decomposition

Protection system

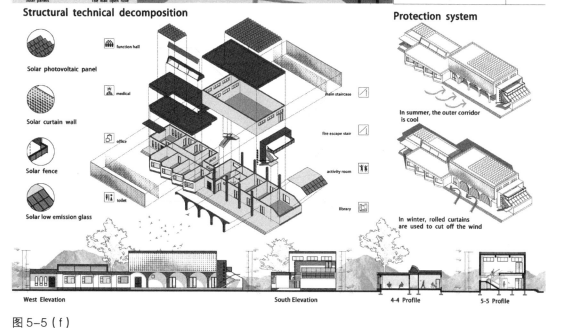

图 5-5（f）

作业题目：天山·牧歌——牧区幼儿园及服务中心，学生：郭佳琪，指导教师：马欣、张宏然

第6章 | 综合技术拓展的设计

对于建筑设计而言，技术设计的内容是十分宽泛的，但对于一名建筑设计师而言，在一个方案中所关注的技术问题则有可能是单一的，也有可能是多方面的。表面上看，这些往往取决于建筑师的个人喜好或者个人的知识结构。但是追根溯源，是由建筑师在受教育阶段所进行的技术设计训练的差异决定的。因此，要培养能将技术和设计融合的建筑师，就要在建筑设计训练中强化综合技术的应用与拓展。

在国内建筑学教育中，一定程度上出现了重道轻器、重艺轻技的误区。产生这一现象的原因是多方面的，有教学体系的原因；有教师建筑观念的原因；有学生更热衷于建筑创意与形式的原因；也有建筑技术体系本身具有复杂性的原因。从技术本体出发，将技术综合应用，进而拓展建筑设计是解决这一问题的主要途径之一。

大体来看，综合技术问题而拓展的建筑设计内容或设计方法包含如下几个方面：

较为常见的是在建筑设计中，根据设计题目所规定的建筑功能，或根据设计构思，将建筑根据所运用技术的不同而分为若干部分，每一部分选择不同的技术切入点进行拓展设计。这也是最为简单的一种拓展设计的方式。这种方式的优点使各部分技术问题均能与设计较为紧密地结合，随之而来的缺点是有可能将一个建筑设计方案做成一个各种技术拼贴的"大杂烩"。

另一个层次就是将适宜技术形成一个体系，与建筑设计相结合，将所有技术有所取舍，有所侧重，将设计与技术尽可能地形成一个整体。这是理性设计最基本的方式与方法，通过抓住一个主线，从而贯穿整个设计。其明显的优点体现在方案的完整性上，但在实际操作中，这个主线的选择具有一定程度的主观性。

随着数字化技术的不断发展，数字化逐渐成为"高技术"的重要特征之一。在宽泛的数字化范畴之下，其核心实际是"数字建造"与"数字运算"。数字建造更强调设计实践的重要性，而数字运算更多地在拓展设计层面上起到越来越重要的作用，使得建筑前期分析、建筑设计过程更加科学化、理性化。同样，其不足之处便是建筑设计的艺术和人文方面应有的浪漫情怀有可能被一定程度上削弱。

这样的综合技术拓展的设计实践一般被安排在本科高年级或研究生阶段。其中，毕业设计是本科学习阶段的全面总结，也是一次综合多种因素的训练。学生在这个阶段，设计思路和手法相对开始成熟了，而且，对若干技术知识点也已经初步理解。因此，在这样的作业中加以引导，学生总体上能够达到综合技术拓展设计的预期目标。

　　当然，学生具有差异性，其作业之间也具有很大差别，主要表现在对技术综合深度的不同，这就体现了学生对待技术综合问题的不同观点。而这不仅仅是学生的观念问题或者是学生知识体系不够完备，也是建筑行业本身就存在的对技术的观念分歧。无论其最后的结果如何，学生接受了这样的训练对其通过综合技术问题而深入拓展设计的能力培养是极为积极有效的。

作业 1：北方某高层建筑表皮改造

这是一个完全基于技术的设计课题。建筑是给定的，周围环境也是给定的，如何在给定条件下，基于技术要求进行立面设计是课题的重点。该方案立足于冬季最大程度接受太阳辐射，夏季减少接受太阳辐射的目标，通过数字化模拟、编程、优化，得出了立面开窗的优化可能性。尽管由于过于重视优化问题而对立面形式有一定的忽略，但这是一个将节能技术、数字化技术综合应用于建筑设计的实例，也是学生的一次十分有意义的尝试。

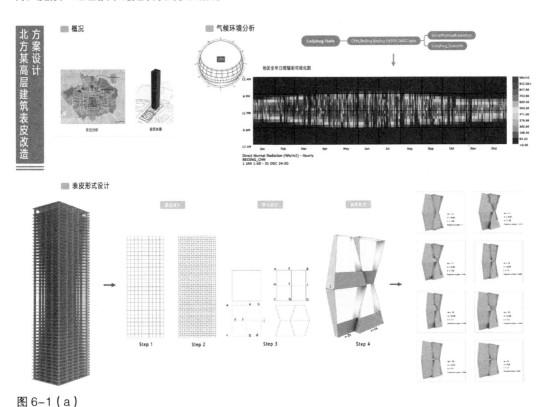

图6-1（a）

作业题目：北方某高层建筑表皮改造，学生：姜全成，指导教师：马欣

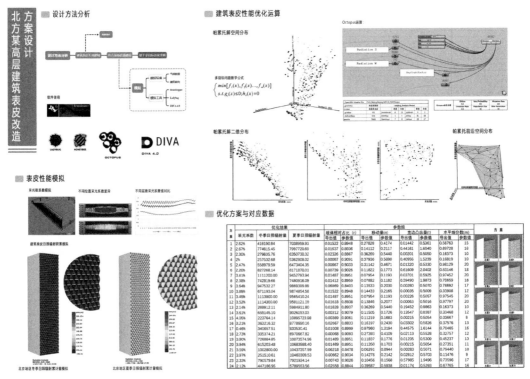

图6-1（b）

作业题目：北方某高层建筑表皮改造，学生：姜全成，指导教师：马欣

作业2：可持续首钢工业遗址公园综合活动中心设计

这是在大学五年级完成的毕业设计课题，课题要求综合技术因素而进行方案设计，并要求具有一定的设计深度。设计者将建筑外形、空间功能排布和节能技术同步设计、同步推进，并且通过Grasshopper参数化设计模拟建筑物理环境，推动和优化建筑的可持续设计。

在设计初期，首先对北京的气候条件、可利用太阳能资源进行分析，在数据基础上对设计地段进行了详细的技术分析，利用Ladybug等工具对整个首钢工业遗址公园做了现状的日照分析等空间环境的评估，在此基础上完成了场地规划。

对建筑单体设计时，基于最大化太阳能收集进行形体的计算和确定。综合考虑体形系数，利用软件进行太阳能得热计算而确定建筑体型及其组合。

将体型与建筑空间功能结合起来之后，对建筑的立面设计也同样从技术的层面出发。根据不同的室内功能，确定不同的采光要求，根据标准进行设计。

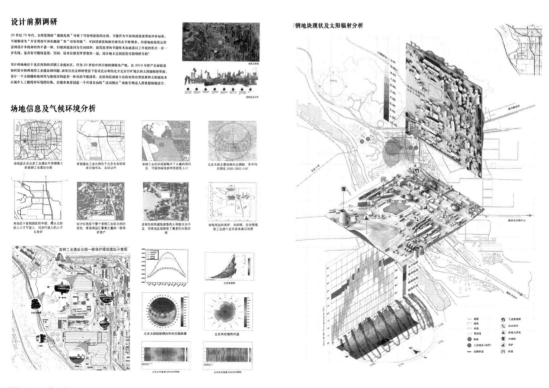

图6-2（a）

作业题目：可持续首钢工业遗址公园综合活动中心设计——场地技术分析图纸，

学生：郭梦真，指导教师：马欣

深入拓展 结合技术的建筑设计实践教学

形体生成过程

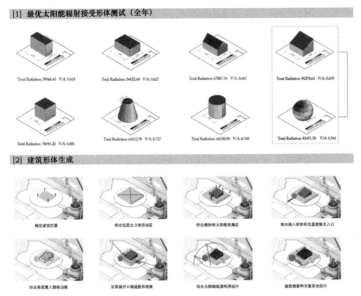

图 6-2（b）
作业题目：可持续首钢工业遗址公园综合活动中心设计——基于最大化太阳能收集的形体推敲分析图，学生：郭梦真，指导教师：马欣

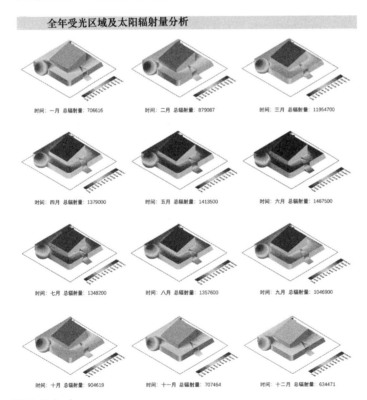

图 6-2（c）
作业题目：可持续首钢工业遗址公园综合活动中心设计——对选定体型进行全年接受太阳辐射计算，学生：郭梦真，指导教师：马欣

采用 Grasshopper 的插件 Honeybee 分析内部全自然采光比和空间各点的水平照度，通过参数化计算获取最优解。应用类似的方法对建筑的遮阳系统也进行了优化设计，并且根据室内采光情况对内部空间进行布局。

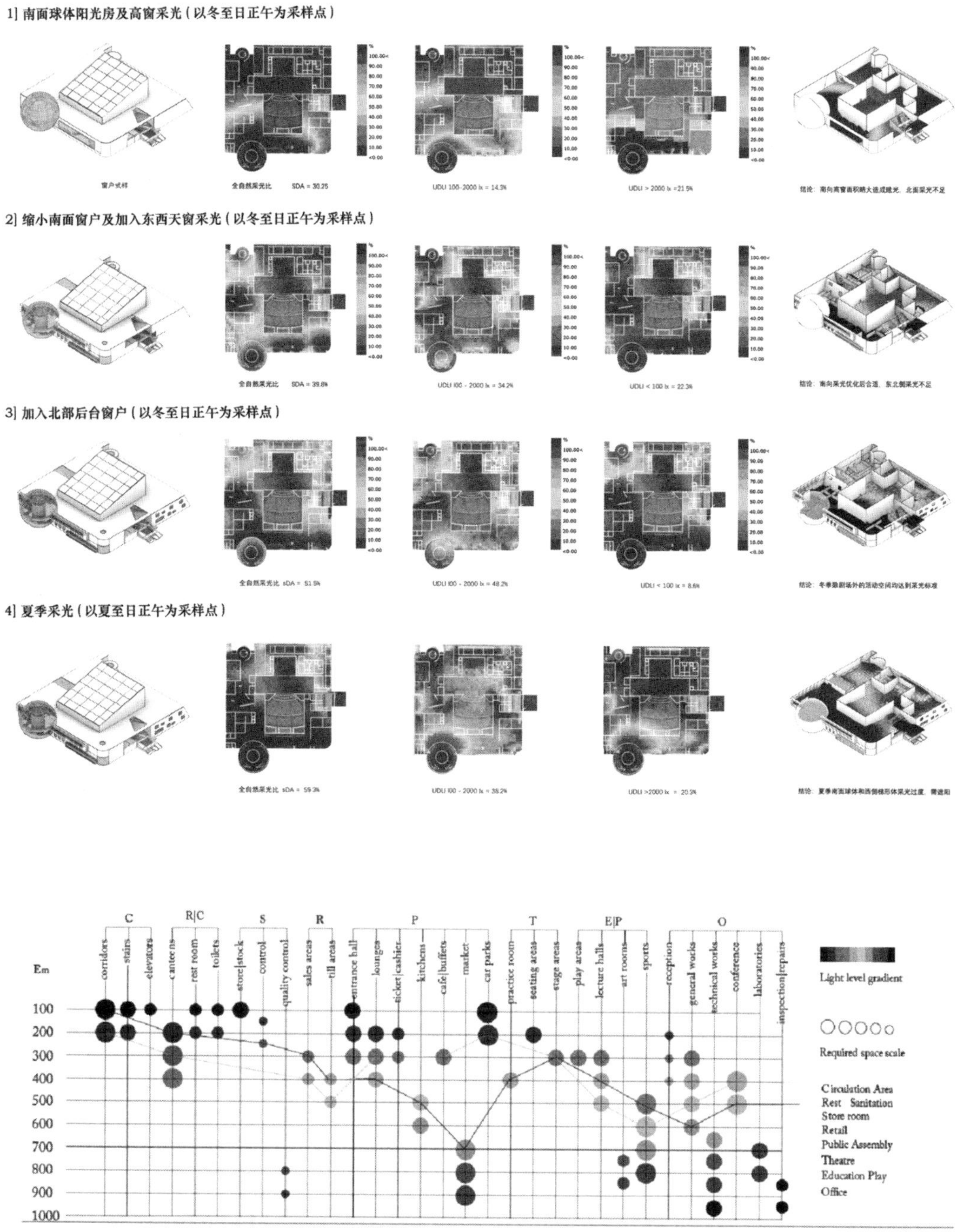

1] 南面球体阳光房及高窗采光（以冬至日正午为采样点）

2] 缩小南面窗户及加入东西天窗采光（以冬至日正午为采样点）

3] 加入北部后台窗户（以冬至日正午为采样点）

4] 夏季采光（以夏至日正午为采样点）

图 6-2（d）

作业题目：可持续首钢工业遗址公园综合活动中心设计——室内采光分析和立面优化设计过程，学生：郭梦真，指导教师：马欣

　　通过详细而深入的技术分析与计算形成了建筑方案，但这还不够完整。该方案还结合了造型、材料选择、结构、构造、冬季得热和夏季防热的体系化设计等因素，深入到了建筑设计的细节。这是学生在毕业设计中综合技术知识的一次尝试，也是一次设计深化和拓展设计方法的尝试。整个方案从设计的过程到设计成果都始终贯穿在绿色节能的综合技术链条上，逻辑合理、技术拓展而且设计深入。

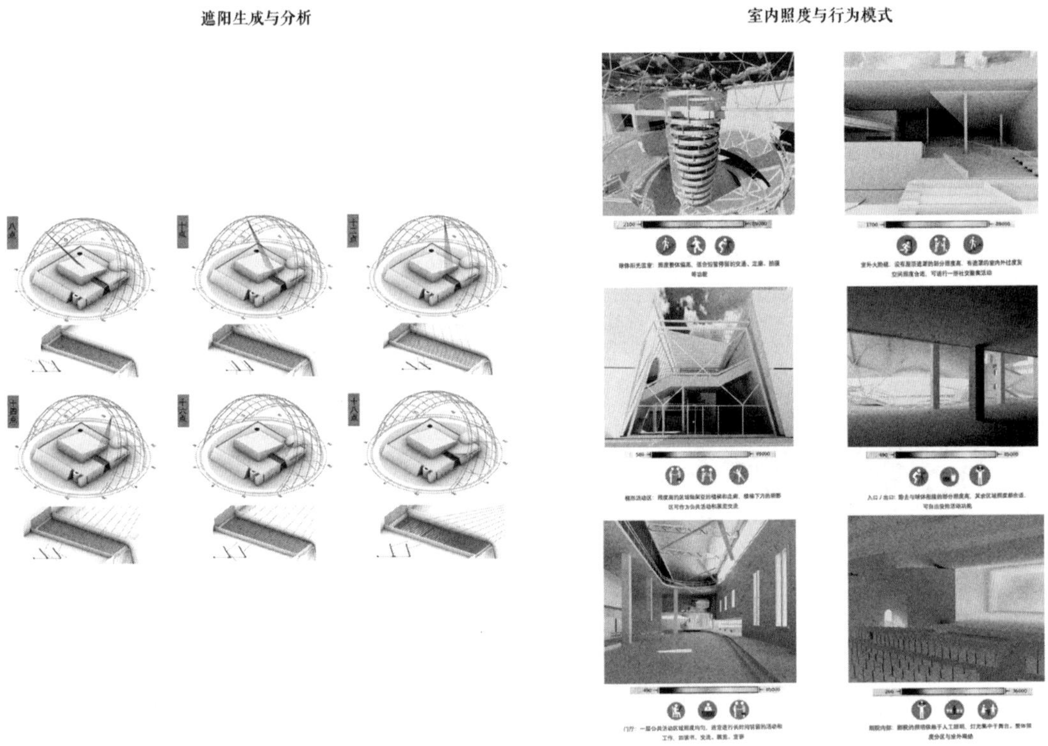

遮阳生成与分析

室内照度与行为模式

图6-2（e）
作业题目：可持续首钢工业遗址公园综合活动中心设计——遮阳分析、室内采光与行为模式分析，
学生：郭梦真，指导教师：马欣

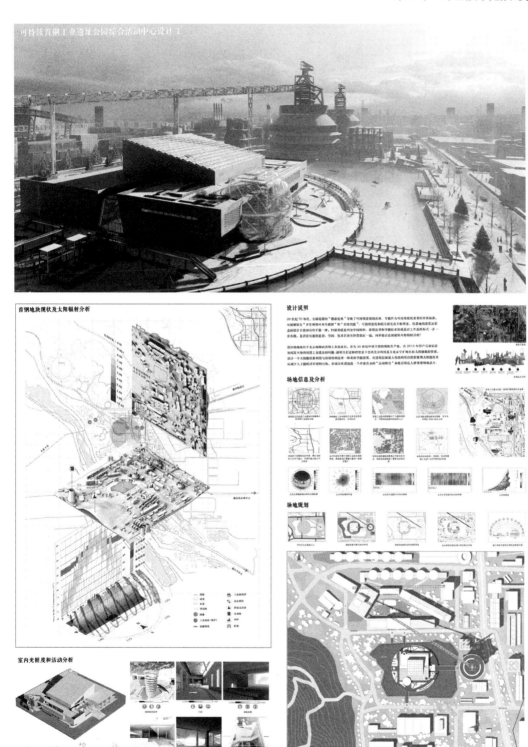

图 6-2（f）
作业题目：可持续首钢工业遗址公园综合活动中心设计——方案设计图纸，学生：郭梦真，
指导教师：马欣

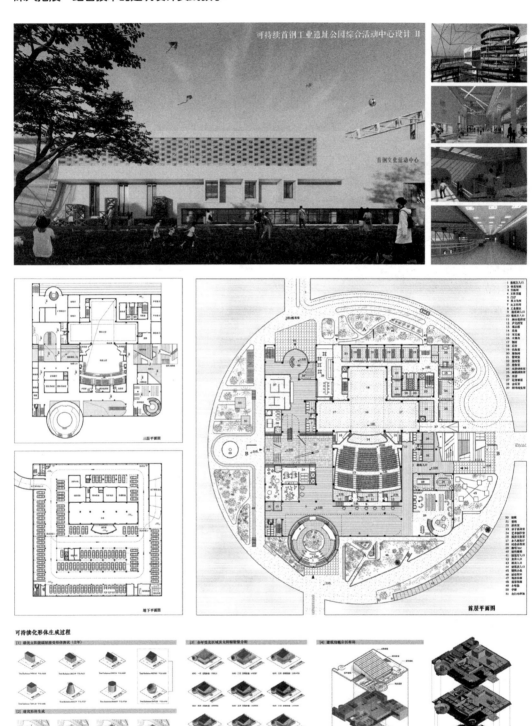

图6-2（g）

作业题目：可持续首钢工业遗址公园综合活动中心设计——方案设计图纸，学生：郭梦真，

指导教师：马欣

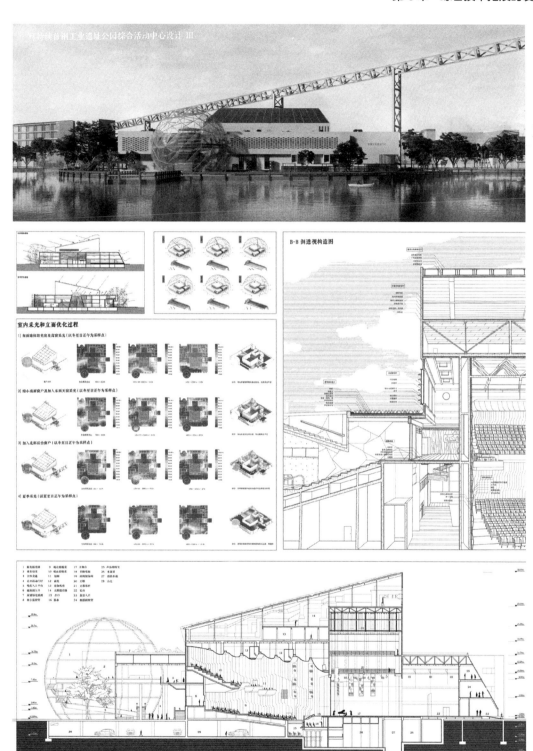

图 6-2（h）
作业题目：可持续首钢工业遗址公园综合活动中心设计——方案设计图纸，学生：郭梦真，
指导教师：马欣

第 7 章 | 结语

本书是结合建筑技术的建筑设计实践教学实录，记录了在设计中如何利用建筑技术进行构思、理解技术概念、深化拓展声学与绿色生态等建筑技术知识以及综合应用技术的若干侧面。其目的并不是评价每一个设计实践本身，而是通过学生成果阐述背后教学实践的思路，探讨如何更好地将技术融入设计，并希望借此引发在建筑教育过程中对结合建筑技术问题进行设计实践训练的思考。同时，也希望这种对于"结合"的理解超越"1+1"的简单相加，而真正将两者融合起来，深化拓展设计，将"1+1>2"的融合理念贯彻在建筑学教育体系中，并在此基础上，去探讨技术之于建筑的关系。其中大概还有四个问题需要不断结合教学实践去探索。

首先，在现在的建筑教育体系中，技术应用于设计教学的观念如何建立？从职业建筑师培养的目标而言，从学生培养方案的描述而言，大多还是把这种"结合"的观念停留在了纸面上。这其中大概是目前的建筑师或建筑教师并没有真正地将设计与技术紧密结合起来的原因。这种观念上的改变要靠教师的自觉性，或是社会需求的不断要求。但观念的改变是实现目标的第一要务。

其次，技术与设计教学的结合体系如何更好地建立？在设计实践训练的过程中，设计课程始终是最主要的载体。当我们讨论建筑设计课程体系之时，目的是什么？是培养学生具备根据既定条件，通过设计解决问题的能力？还是要激发学生的设计意识与热情？由于现状是，大部分教学体系中都是将建筑设计与建筑技术分在不同的课程系列里，学校的设计与技术教研组也是分开的。所以，我们不得不说，上述问题无论答案如何，往往都把技术问题排除在了设计课体系之外了。所以，两者结合的教学体系的建立不可能只靠建筑设计教师或者建筑技术教师，可能更多需要的是教学的顶层设计。

第三，设计教学中能否仅靠引入一个技术的点就能实现基于技术的深入和拓展？这个答案无疑是否定的，但是事实上，很多的课题都是这样去做的。设计课程中的技术结合是一种概念化的构思？是手法的训练？抑或标签化的表达？即使是职业建筑师的投标图册中，也不乏会看到这样空洞的阐述。技术的综合利用是有难度的，但是只有做到综合，才能使设计深化。

最后，学校里的建筑技术距离实际工程还差多远？学校的课题设置一般会有各种的假设前提，或者忽略部分制约，而实际工程则不然。学校的训练在技术层面常常被限定在"假题假做"或"真题假做"的范围内，教师常常缺乏实际经验。在这种状况下，设计训练的有效性不得不打个折扣。这也是不争的事实。因此，将技术完美地融合在设计训练中，还任重道远，但更重要的是我们要一步一步地走，而非停步不前。

后 记 | POSTSCRIPT

著名物理学家李政道说过"科学与艺术就像一枚硬币的正反两面",可见其不可分割。建筑技术与建筑艺术也是这样不可分割。所以,在建筑设计的深入和拓展的训练中,结合技术的建筑设计实践教学是建筑学教学体系中不可缺少的一部分。正是基于此,让我不断思考两者结合的教学,让我不断探索实践的意义,也成为我写作这本书的本意之一。

感谢所有参与本书中各个课题的同学们,包括因为篇幅原因没有收录进来作品的同学们。教学相长,每一份作品都是教学实践的重要组成部分,每一个同学都给了我很大启示。书中对每一份作品的分析评价并未一一征求意见,可能并没有很好地阐述设计者的本意。如有不当,请各位设计者批评指正。

感谢丛书主编贾东老师。在贾老师的大力支持和督促下,本书才得以顺利完成。

本书的写作过程也是教学的梳理过程,回顾近 20 年建筑技术的研究和建筑设计的工程实践和教学实践,每一位合作的老师都给了我很大的帮助。感谢刘茂华老师、王振昌老师、王卉老师、杨瑞老师、蒋玲老师、王又佳老师、王新征老师、林文洁老师、靳铭宇老师、赵春喜老师、温芳老师、张宏然老师。

感谢北方工业大学建筑与艺术学院的各位同事在本人教学以及本书写作中给予的支持和帮助。

感谢中国建筑工业出版社的老师们为本书出版做出的辛勤工作。

本书的出版受"北京市人才强教计划——建筑设计教学体系深化研究项目、北方工业大学重点研究计划——传统聚落低碳营造理论研究与工程实践项目、北京市专项——专业建设 - 建筑学(市级)PXM2014_014212_000039、2014 追加专项——促进人才培养综合改革项目——研究生创新平台建设 - 建筑学(14085-45)、本科生培养 - 教学改革立项与研究(市级)——以实践创新能力培养为核心的建筑学类本科设计课程群建设与人才培养模式研究(PXM2015_014212_000029)、北方工业大学校内专项——城镇化背景下的传统营造模式与现代营造技术综合研究、北京市自然科学基金面上项目(8182017)"的资助,特此致谢!